我国水土保持监测网络现状与构建研究

曹文华　屈　创　张红丽　编著

黄河水利出版社

·郑州·

内 容 提 要

　　水土保持监测是生态文明建设的重要基础工作,水土保持监测点的定位观测还为政府决策、经济社会发展和社会公众服务等提供数据支撑。本书阐述了我国水土流失特征及其分布、水土保持区划及水土保持监测网络的发展,并从生态文明新要求、水土保持发展新需求等方面着手,提出了新时期我国水土保持监测点优化布局建设的研究思路,供大家探讨。

　　本书对水土保持监测点的布局、选址、建设及管理等具有一定的借鉴意义,可供水土保持及相关行业的管理人员、监测技术人员参考使用。

图书在版编目(CIP)数据

我国水土保持监测网络现状与构建研究/曹文华,
屈创,张红丽编著. —郑州:黄河水利出版社,2022.8
ISBN 978-7-5509-3366-8

Ⅰ.①我… Ⅱ.①曹… ②屈… ③张… Ⅲ.①水土保
持-监测-研究-中国 Ⅳ.①S157

中国版本图书馆 CIP 数据核字(2022)第 159598 号

策划编辑:岳晓娟　电话:0371-66020903　E-mail:2250150882@qq.com

出 版 社:黄河水利出版社　　　　　　　　　　网址:www.yrcp.com
　　　　　地址:河南省郑州市顺河路黄委会综合楼 14 层　邮政编码:450003
发行单位:黄河水利出版社
　　　　　发行部电话:0371-66026940、66020550、66028024、66022620(传真)
　　　　　E-mail:hhslcbs@126.com
承印单位:河南承创印务有限公司
开本:787 mm×1 092 mm　1/16
印张:10.5
字数:243 千字　　　　　　　　　　　　　　　印数:1—1 000
版次:2022 年 8 月第 1 版　　　　　　　　　　印次:2022 年 8 月第 1 次印刷

定价:68.00 元

前　言

　　我国是世界上水土流失最严重的国家之一,水土流失成因复杂、面广量大、危害严重,是直接导致水土资源破坏、土地人口承载力降低、生态环境恶化的重要原因,对经济社会发展和国家生态安全以及群众生产、生活影响极大。

　　国家制定生态建设宏观战略、调整总体部署、实施重大工程,需要及时、准确地掌握全国生态环境现状、变化和动态趋势,获取精准、有效的监测数据显得至关重要。水土保持监测点是水土保持监测工作的重要根基,是数据采集的依托,承担着第一手资料采集、存储、传输、处理、整汇编等任务,是国家生态保护红线监测网络体系重要的组成部分,关系着全国水土保持监测网络效益的持续发挥。根据新形势、新任务、新要求,测管融合、服务管理是监测点的基本定位和根本作用。建设定位精准、数量合理、分布科学、运维有效、支撑有力的水土保持监测点网络,可以及时、准确、有效地掌握水土流失及其防治状况,为国家生态文明建设和经济社会发展、水土流失治理、水土保持监督、水土保持规划及政策制定、水土保持监测、水土保持科研等提供支撑。

　　十八大以来,党和国家高度重视生态文明建设,进行了一系列重要决策部署;习近平总书记多次就生态文明建设发表重要讲话,指出要加快构建生态文明体系,全面推动绿色发展,把解决突出生态环境问题作为民生优先领域。《中华人民共和国水土保持法》第四十条规定:"国务院水行政主管部门应当完善全国水土保持监测网络,对全国水土流失进行动态监测";2015年国务院批复的《全国水土保持规划》明确提出:完善水土保持监测网络。开展水土保持监测机构、监测点标准化建设,从设施、设备、人员、经费等方面完善水土保持监测网络体系。中央和水利部党组一系列决策部署,对水土保持监测点提出了更高的要求,要求认真分析新时期对监测点的迫切需求,加强监测点建设,健全完善监测网络体系,提升监测能力,提供监测支撑。

　　本书在对水土保持监测网络现状进行分析总结的基础上,结合我国水土流失特征和水土保持区划,紧密聚焦国家生态文明建设和水利改革发展,结合新形势、新任务、新要求,以补齐短板和满足需求为根本导向,以服务行业发展和管理为基本定位,对标水土保持相关规划要求,提出了水土保持监测点优化布局的初步构想,并对水土保持监测点分类、布局、选址、内容指标、设施设备、建设等方面进行了阐述,供相关人员使用和改进。

　　本书是在全国水土保持监测网络和信息系统建设工程(一期、二期)、全国水土流失动态监测、国家水土保持监测点优化布局工程可行性研究等项目的支持下完成的,在本书编写过程中应用了上述项目的部分数据。书中也引用了参考文献中的有关内容,在此向文献作者、数据提供者及所有指导者一并表示衷心的感谢！

由于编写人员水平有限,书中不妥之处在所难免,敬请广大读者批评指正。

作 者

2022 年 5 月

目　录

第 1 章　我国水土流失特征、水土保持区划及防治区

1.1　我国水土流失特征

我国是世界上水土流失最严重的国家之一,严重的水土流失不仅破坏水土资源、恶化生态环境、加剧自然灾害,而且严重制约我国经济社会的可持续发展。从区域分布看,水土流失面积大,分布范围广,西部地区水土流失面积最大;从重点区域看,黄土高原、东北黑土区、长江经济带等区域水土流失问题依然显著,东北黑土区、长江经济带坡耕地水土流失严重,黄土高原水沙问题突出,严重制约区域生态文明建设和高质量发展。水土流失的主要特征表现为:一是分布广、面积大。全国每个省(区、市)都存在不同程度的水土流失,其中水力侵蚀(简称水蚀)主要分布在长江流域和黄河流域,风力侵蚀(简称风蚀)主要分布在西北风沙地区。二是侵蚀形式多样、类型复杂。侵蚀类型主要有水力侵蚀、风力侵蚀、冻融侵蚀,且不同侵蚀类型间相互交错。三是侵蚀强度大,土壤流失严重。据估算,我国每年流失土壤达 45 亿 t 左右。四是局部地区生产建设活动在一定程度上加剧了人为水土流失。随着我国工业化和城镇化建设进程的加快,生产建设活动不仅大量破坏原地貌植被,而且产生大量弃土弃渣,造成严重的水土流失。

水土流失状况也是衡量水土资源和生态环境优劣程度的重要指标,水土流失是我国生态退化的集中体现,不仅产生大量泥沙,淤塞河床、水库、湖泊,降低河道泄洪和水利设施调蓄能力,加剧洪涝灾害,影响水资源的有效开发利用;而且不断蚕食土地,降低土地生产力,使生态环境进一步恶化,是我国的头号生态环境问题。

1.1.1　水土流失分类

1.1.1.1　水力侵蚀

水力侵蚀按照侵蚀方式,主要分为面蚀、沟蚀、潜蚀等。

1. 面蚀

面蚀主要发生在坡耕地、稀疏牧草地和林地,是降水和径流对地表面相对均匀的侵蚀方式,包括雨滴侵蚀(溅蚀)、片蚀和细沟侵蚀。发生在坡耕地的细沟侵蚀,经耕作后可以平复,在坡面上不留痕迹;在稀疏牧草地和林地的片蚀呈鳞片状,不留沟状侵蚀痕迹。

2. 沟蚀

沟蚀是指流水被约束在某一局限范围内的水流侵蚀方式,其形态是不同规模的沟谷。根据沟谷的规模,由小到大可以分为浅沟、切沟、冲沟、干沟。沟状流水侵蚀方式是陆地表面的主要侵蚀方式,是产生泥沙的主要源头,也是输送泥沙的主要渠道。识别不同级别沟

谷的侵蚀产沙过程、侵蚀产沙特征以及由低一级沟谷发展到高一级沟谷的过程机制,有助于制定侵蚀防治决策。

3. 潜蚀

潜蚀是在地面难以看到的隐蔽侵蚀。当地面径流或水流沿土体垂直裂隙、孔、动物穴下渗时,发生水力冲刷、淘蚀等作用而形成各种各样的洞穴过程,所以潜蚀又称洞穴侵蚀。洞穴侵蚀在黄土高原分布最为广泛,多发生在丘陵斜坡向谷坡过渡的边缘,或发生在切沟沟头跌水的下方。

1.1.1.2　风力侵蚀

风力侵蚀是以风为外营力的侵蚀类型,即在风力作用下地表物质(土壤颗粒)发生位移,从而导致岩石圈(或土壤圈)破坏和物质损失的过程。风蚀是发生在干旱、半干旱以及部分半湿润地区的主要地表过程之一,是干旱区土地荒漠化与沙尘暴灾害的根源,是世界上许多国家和地区的主要环境问题之一。

因土砂粒的大小和质量不同,风力对土砂粒的吹移搬运出现了以下 3 种运动形式:

(1)风扬。土砂粒中粒径小于 0.1 mm 的粉砂、黏砂,质量极小,可被风卷扬至高空,随风运行。

(2)跃移。粒径为 0.1~0.15 mm 的中细粒砂,受风力冲击脱离地表,升高到几厘米的峰值后,在该处风就给砂粒一个水平加速度,使之在风力及其自身重力双重影响下,以两者合力方向,沿着平滑的轨迹急速下降。这时的砂粒带着较大的能量撞击地表,使原来不易为风力所移动的较大一些粒子产生移动。

(3)蠕移。粒径为 0.15~2 mm 的较大颗粒,不易被风吹离地表,但可在风力作用下沿沙面滚动或滑动。

1.1.1.3　冻融侵蚀

冻融侵蚀是指在多年冻土地区,土体或岩石风化体中的水分反复冻融而使土体和风化体不断冻胀、破裂、消融、流变而发生蠕动、移动的现象。

冻融作用通过改变土壤结构、土壤的渗透性、导水性、土壤容重、含水量、团聚体水稳性以及土壤强度等土壤性质,进而影响土壤的可蚀性。冻融使边坡上的岩土体含水量和容重增大,因而加重了岩土体的不稳定性;冻融使岩土体发生机械变化,破坏了土壤内部的黏结力,降低了土壤的抗剪强度;土壤冻融具有时间和空间不一致性,当岩土体表层融解时,底层未融解形成一个近似不透水层,水分沿接触面流动,使两层间的摩擦阻力减小,因此在岩土体坡角小于休止角的情况下,也会发生不同状态的机械破坏。

1.1.2　水土流失面积和分布

依据 2020 年全国水土流失动态监测成果,全国 2020 年水土流失面积总计 269.27 万 km²,占监测范围(956.59 万 km²)的 28.15%,其中水力侵蚀面积 112.00 万 km²,占水土流失总面积的 41.59%;风力侵蚀面积 157.27 万 km²,占水土流失总面积的 58.41%(见表 1-1)。

表 1-1　全国土壤侵蚀面积及比例统计

水土流失面积及比例	水力侵蚀	风力侵蚀	合计
总面积/km²	1 119 988.41	1 572 711.79	2 692 700.20
占土地总面积比例/%	11.71	16.44	28.15
占水土流失总面积比例/%	41.59	58.41	100

1.1.2.1　省级行政区水土流失面积和分布

水土流失在全国 31 个省(区、市)均有分布。从全国省份分布来看,水力侵蚀在全国 31 个省(区、市)均有分布,风力侵蚀主要分布在"三北"(东北、华北北部、西北)地区。

按水土流失面积大小划分,水土流失面积超过 50 万 km² 的有新疆和内蒙古等 2 个自治区,分别为 83.80 万 km² 和 58.14 万 km²;水土流失面积在 10 万～50 万 km² 的有甘肃、青海、四川和云南等 4 省;水土流失面积在 5 万～10 万 km² 的有西藏、黑龙江、陕西、山西等 4 省(区);水土流失面积在 3 万～5 万 km² 的有贵州、吉林、河北、广西、辽宁、湖北等 6 省(区);水土流失面积在 1 万～3 万 km² 的有湖南、重庆、山东、江西、河南、广东、宁夏、安徽等 8 省(区、市);水土流失面积小于 1 万 km² 的有福建、浙江、江苏、北京、海南、天津、上海等 7 省(区、市)。其中,上海、天津、海南等 3 省(市)的水土流失面积最小,分别为 2.86 km²、196.71 km² 和 1 705.52 km²。各省(区、市)2020 年水土流失面积见表 1-2。

表 1-2　各省(区、市)2020 年水土流失面积

省(区、市)	水土流失面积/km²	省(区、市)	水土流失面积/km²	省(区、市)	水土流失面积/km²
新疆	837 983.70	吉林	41 163.84	宁夏	15 687.42
内蒙古	581 380.60	河北	40 943.46	安徽	12 039.48
甘肃	183 865.37	广西	38 454.01	福建	9 240.15
青海	161 642.87	辽宁	35 901.18	浙江	7 373.55
四川	109 500.61	湖北	31 639.54	江苏	2 230.09
云南	100 616.32	湖南	29 841.94	北京	2 085.70
西藏	93 840.71	重庆	25 142.46	海南	1 705.52
黑龙江	74 030.01	山东	23 777.25	天津	196.71
陕西	64 111.30	江西	23 613.50	上海	2.86
山西	58 942.81	河南	21 102.64		
贵州	47 008.20	广东	17 636.40		

按水土流失面积占辖区土地总面积比例划分,大于 50% 的只有新疆维吾尔自治区,为 51.10%;占比 30%～50% 的有内蒙古、甘肃、山西、陕西、重庆等 5 省(区、市);占比

10%~30%的有贵州、云南、辽宁、宁夏、青海、四川、河北、吉林、湖北、黑龙江、广西、山东、江西、湖南、北京、河南等16省(区、市);占比小于10%的有广东、安徽、西藏、福建、浙江、海南、江苏、天津、上海等9省(区、市)。各省(区、市)2020年水土流失面积占辖区土地总面积比例见表1-3。

表 1-3　各省(区、市)2020年水土流失面积占辖区土地总面积比例

省(区、市)	占土地总面积比例/%	省(区、市)	占土地总面积比例/%	省(区、市)	占土地总面积比例/%
新疆	51.10	四川	22.27	广东	9.88
内蒙古	48.61	河北	21.88	安徽	8.62
甘肃	40.16	吉林	21.64	西藏	7.86
山西	37.62	湖北	17.03	福建	7.52
陕西	31.18	黑龙江	16.84	浙江	7.12
重庆	30.52	广西	16.20	海南	4.96
贵州	26.68	山东	15.03	江苏	2.18
云南	25.54	江西	14.13	天津	1.65
辽宁	24.24	湖南	14.09	上海	0.05
宁夏	23.63	北京	12.71		
青海	23.20	河南	12.65		

按侵蚀类型划分,全国31个省(区、市)均有水力侵蚀分布。其中,水力侵蚀面积最大的3个省(区)分别为四川省105 955.90 km²、云南省100 616.32 km²、新疆维吾尔自治区82 386.25 km²,水力侵蚀面积最小的3个省(市)分别为上海市2.86 km²、天津市196.71 km²、海南省1 705.52 km²;水力侵蚀面积占土地总面积比例最大的3个省(市)分别为山西省37.60%、重庆市30.52%、陕西省30.26%,水力侵蚀面积占土地总面积比例最小的3个省(市)分别为上海市0.05%、天津市1.65%、江苏省2.18%。各省(区、市)2020年水力侵蚀面积见表1-4。

全国共17个省(区)有风力侵蚀分布。其中,风力侵蚀面积最大的3个省(区)分别为新疆维吾尔自治区755 597.45 km²、内蒙古自治区499 469.04 km²、青海省124 535.60 km²,风力侵蚀面积最小的3个省分别为江苏省0.21 km²、安徽省0.29 km²、山西省28.34 km²;风力侵蚀面积占土地总面积比例最大的3个省(区)分别为新疆维吾尔自治区46.07%、内蒙古自治区41.76%、甘肃省26.18%,风力侵蚀面积占土地总面积比例最小的3个省分别为山西省0.02%、江苏省0.00%、安徽省0.00%。各省(区、市)2020年风力侵蚀面积见表1-5。

表 1-4　各省(区、市)2020 年水力侵蚀面积

省(区、市)	水力侵蚀面积/km²	省(区、市)	水力侵蚀面积/km²	省(区、市)	水力侵蚀面积/km²
四川	105 955.90	青海	37 107.27	安徽	12 039.19
云南	100 616.32	河北	36 487.62	宁夏	10 680.85
新疆	82 386.25	辽宁	35 084.21	福建	9 240.15
内蒙古	81 911.56	湖北	31 639.54	浙江	7 373.55
黑龙江	65 934.41	湖南	29 841.94	江苏	2 229.88
甘肃	64 001.61	吉林	29 301.88	北京	2 085.70
陕西	62 226.71	重庆	25 142.46	海南	1 705.52
山西	58 914.47	江西	23 613.50	天津	196.71
西藏	58 310.16	山东	23 050.63	上海	2.86
贵州	47 008.20	河南	19 808.95		
广西	38 454.01	广东	17 636.40		

表 1-5　各省(区、市)2020 年风力侵蚀面积

省(区、市)	风力侵蚀面积/km²	省(区、市)	风力侵蚀面积/km²	省(区、市)	风力侵蚀面积/km²
新疆	755 597.45	黑龙江	8 095.60	辽宁	816.97
内蒙古	499 469.04	宁夏	5 006.57	山东	726.62
青海	124 535.60	河北	4 455.84	山西	28.34
甘肃	119 863.76	四川	3 544.71	安徽	0.29
西藏	35 530.55	陕西	1 884.59	江苏	0.21
吉林	11 861.96	河南	1 293.69		

1.1.2.2　东、中、西地区水土流失面积和分布

从东、中、西地区分布来看,水土流失面积呈现出西多东少的分布特征。西部地区[包括四川、重庆、贵州、云南、西藏、陕西、甘肃、青海、宁夏、新疆、广西、内蒙古等 12 个省(区、市)]水土流失面积为 225.92 万 km²,占全国水土流失总面积的 83.90%,占西部地区土地总面积的 33.04%,其中水力侵蚀、风力侵蚀面积分别为 71.38 万 km²、154.54 万 km²,分别占水土流失面积的 31.60%、68.40%。按侵蚀强度分,轻度、中度、强烈、极强烈、剧烈侵蚀面积分别为 135.12 万 km²、41.60 万 km²、18.45 万 km²、14.40 万 km²、16.35 万 km²,分别占水土流失面积的 59.81%、18.41%、8.17%、6.37%、7.24%。西部地区水力侵

蚀面积占全国水力侵蚀面积的 63.73%，主要分布在四川、云南、新疆、内蒙古、甘肃、陕西、西藏等省(区)；风力侵蚀面积占全国风力侵蚀面积的 98.27%，主要分布在新疆、内蒙古、青海、甘肃等省(区)，其中新疆风力侵蚀面积占全国风力侵蚀面积的 48.04%，内蒙古风力侵蚀面积占全国风力侵蚀面积的 31.76%。中部地区(包括山西、吉林、黑龙江、安徽、江西、河南、湖北、湖南等 8 个省)水土流失面积为 29.24 万 km^2，占全国水土流失总面积的 10.86%，占中部地区土地总面积的 17.64%。其中，水力侵蚀、风力侵蚀面积分别为 27.11 万 km^2、2.13 万 km^2，分别占水土流失面积的 92.72%、7.28%。按侵蚀强度分，轻度、中度、强烈、极强烈、剧烈侵蚀面积分别为 23.12 万 km^2、3.64 万 km^2、1.54 万 km^2、0.68 万 km^2、0.26 万 km^2，分别占水土流失面积的 79.09%、12.46%、5.25%、2.33%、0.87%。中部地区水力侵蚀面积占全国水力侵蚀面积的 24.21%，主要分布在黑龙江、山西等省；风力侵蚀面积占全国风力侵蚀面积的 1.35%，主要分布在吉林、黑龙江两省。东部地区[包括北京、天津、河北、辽宁、上海、江苏、浙江、福建、山东、广东和海南等 11 个省、(市)]水土流失面积为 14.10 万 km^2，占全国水土流失总面积的 5.24%，占东部地区土地总面积的 13.19%。其中，水力侵蚀、风力侵蚀面积分别为 13.51 万 km^2、0.60 万 km^2，分别占水土流失面积的 95.75%、4.25%。按侵蚀强度分，轻度、中度、强烈、极强烈、剧烈侵蚀面积分别为 12.26 万 km^2、1.05 万 km^2、0.41 万 km^2、0.26 万 km^2、0.12 万 km^2，分别占水土流失面积的 86.91%、7.47%、2.89%、1.86%、0.87%。东部地区水力侵蚀面积占全国水力侵蚀面积的 12.06%，主要分布在河北、辽宁、山东、广东等省；风力侵蚀面积占全国风力侵蚀面积的 0.38%，主要分布在河北、辽宁、山东等省。

我国水土流失分布范围广泛。按土地利用类型分，水土流失主要发生在草地、其他土地、耕地和林地等地类上，面积分别为 91.96 万 km^2、77.40 万 km^2、48.61 万 km^2、43.79 万 km^2，分别占水土流失面积的 34.15%、28.74%、18.05%、16.26%。

耕地水土流失面积 48.61 万 km^2 (水浇地水土流失面积 9.41 万 km^2、旱地水土流失面积 39.20 万 km^2)，占全国水土流失面积的 18.05%。其中，梯田水土流失面积 3.63 万 km^2、其他耕地水土流失面积 44.98 万 km^2。水土流失主要发生在小于或等于 2° 缓坡耕地和 2°~6° 的坡耕地上，水土流失面积分别为 16.61 万 km^2、10.50 万 km^2。全国 6° 以上耕地水土流失面积 17.87 万 km^2，占不同坡度等级耕地水土流失面积的 39.74%。园地水土流失面积 3.50 万 km^2 (果园水土流失面积 2.45 万 km^2、茶园水土流失面积 0.43 万 km^2、其他园地水土流失面积 0.62 万 km^2)，占全国水土流失面积的 1.30%。林地水土流失面积 43.79 万 km^2 (有林地水土流失面积 25.55 万 km^2、灌木林地水土流失面积 15.56 万 km^2、其他林地水土流失面积 2.68 万 km^2)，占全国水土流失面积的 16.26%。草地水土流失面积 91.96 万 km^2 (天然牧草地水土流失面积 54.70 万 km^2、人工牧草地水土流失面积 0.36 万 km^2、其他草地水土流失面积 36.90 万 km^2)，占全国水土流失面积的 34.15%。建设用地水土流失面积 3.74 万 km^2 (城镇建设用地水土流失面积 111.88 km^2、农村建设用地水土流失面积 0.74 万 km^2、人为水土流失地块水土流失面积 2.89 万 km^2、其他建设用地水土流失面积 950.49 km^2)，占全国水土流失面积的 1.39%。交通运输用地水土流失面积 0.27 万 km^2 (农村道路水土流失面积 0.18 万 km^2、其他交通道路水土流失面积 933.33 km^2)，占全国水土流失面积的 0.10%。其他土地水土流失面积 77.40 万 km^2 (盐碱地水土流失面积9.38万km²、沙地水土流失面积44.26万km²、裸土地水土流失面积23.52万km²、裸岩石砾地水土流失面积0.24万km²),占全国水土流失面积的28.74%。2020年全国现有人为水土流失地块137.77万个,面积4.39万km²,占土地总面积的0.46%。人为水土流失地块水土流失面积2.89万km²,占人为水土流失地块面积的65.83%。按侵蚀强度分,轻度、中度、强烈、极强烈、剧烈侵蚀面积分别为1.20万km²、1.03万km²、0.48万km²、0.16万km²、0.02万km²,分别占人为水土流失地块水土流失面积的41.52%、35.64%、16.61%、5.54%、0.69%。

1.1.3　水土流失强度和分布

2020年,全国水土流失面积269.27万km²。按侵蚀强度分,轻度、中度、强烈、极强烈、剧烈侵蚀面积分别为170.51万km²、46.30万km²、20.39万km²、15.34万km²、16.73万km²,分别占水土流失总面积的63.33%、17.19%、7.57%、5.70%、6.21%。水力侵蚀中,轻度、中度、强烈、极强烈、剧烈侵蚀面积分别为83.11万km²、16.39万km²、6.88万km²、4.08万km²、1.55万km²,分别占水力侵蚀面积的74.21%、14.63%、6.14%、3.64%、1.38%。风力侵蚀中,轻度、中度、强烈、极强烈、剧烈侵蚀面积分别为87.40万km²、29.91万km²、13.52万km²、11.26万km²、15.18万km²,占风力侵蚀面积的55.58%、19.02%、8.59%、7.16%、9.65%(见表1-6)。

表1-6　全国土壤侵蚀面积及比例统计

不同侵蚀强度面积及比例		水力侵蚀	风力侵蚀	合计
微度侵蚀	面积/km²	8 445 897.14	7 993 173.76	6 873 185.35
	占土地总面积比例/%	88.29	83.56	71.85
水土流失面积及比例	总面积/km²	1 119 988.41	1 572 711.79	2 692 700.20
	占土地总面积比例/%	11.71	16.44	28.15
各级土壤侵蚀强度面积及比例	轻度 面积/km²	831 082.87	874 014.40	1 705 097.27
	占水土流失总面积比例/%	74.21	55.58	63.33
	中度 面积/km²	163 874.58	299 102.83	462 977.41
	占水土流失总面积比例/%	14.63	19.02	17.19
	强烈 面积/km²	68 761.34	135 158.24	203 919.58
	占水土流失总面积比例/%	6.14	8.59	7.57
	极强烈 面积/km²	40 790.61	112 645.63	153 436.24
	占水土流失总面积比例/%	3.64	7.16	5.70
	剧烈 面积/km²	15 479.01	151 790.69	167 269.70
	占水土流失总面积比例/%	1.38	9.65	6.21

全国极强烈侵蚀面积和剧烈侵蚀面积分别为 15.34 万 km^2 和 16.73 万 km^2。主要分布在其他土地地类上,面积分别为 10.31 万 km^2 和 13.52 万 km^2,占比分别为 43.26%和56.74%。

1.1.4 水土流失成因和区域特征

水土流失区域差异明显,按照全国水土保持区划一级分区进行分区,东北黑土区、北方土石山区、西北黄土高原区、西南紫色土区、北方风沙区、西南岩溶区、南方红壤区、青藏高原区等区域水土流失的主要成因、特征各有不同。

1.1.4.1 东北黑土区

1.水土流失现状

2020 年,东北黑土区水土流失面积 216 019.97 km^2,占土地总面积(1 087 501.00 km^2)的 19.86%。其中,水力侵蚀、风力侵蚀的面积分别为 138 199.71 km^2、77 820.26 km^2,分别占水土流失总面积的 63.98%、36.02%。按侵蚀强度分,轻度、中度、强烈、极强烈、剧烈侵蚀面积分别为 163 144.65 km^2、32 304.79 km^2、10 542.54 km^2、6 099.41 km^2、3 928.58 km^2,分别占水土流失总面积的 75.53%、14.95%、4.88%、2.82%、1.82%。水力侵蚀中,轻度、中度、强烈、极强烈、剧烈侵蚀面积分别为 117 066.76 km^2、10 690.59 km^2、4 352.36 km^2、3 515.59 km^2、2 574.41 km^2,分别占水力侵蚀面积的 84.71%、7.74%、3.15%、2.54%、1.86%。风力侵蚀中,轻度、中度、强烈、极强烈、剧烈侵蚀面积分别为 46 077.89 km^2、21 614.20 km^2、6 190.18 km^2、2 583.82 km^2、1 354.17 km^2,分别占风力侵蚀面积的 59.22%、27.77%、7.95%、3.32%、1.74%。

东北黑土区极强烈侵蚀面积和剧烈侵蚀面积分别为 6 099.41 km^2 和 3 928.58 km^2。主要分布在耕地地类上,面积分别为 3 928.31 km^2、2 605.10 km^2,占比分别为 64.40%和66.31%。

从不同土地利用类型水土流失面积来看,水土流失主要发生在耕地、草地、林地和其他土地等地类上,水土流失面积为 152 352.99 km^2、36 695.23 km^2、14 741.14 km^2、7 880.29 km^2。耕地中梯田(主要为风蚀)水土流失面积为 344.35 km^2,其他耕地水土流失面积 152 008.64 km^2。水土流失主要发生在小于或等于 2°和 2°~6°的缓坡耕地上,水土流失面积为 65 949.48 km^2、59 947.23 km^2。6°以上耕地水土流失面积 26 111.93 km^2,占不同坡度等级耕地水土流失面积的 17.18%。

2020 年,东北黑土区现有人为水土流失地块 51 837 个,面积 2 025.07 km^2,占土地总面积的 0.19%。人为水土流失地块水土流失面积 1 581.60 km^2,占人为水土流失地块面积的 78.10%。按侵蚀强度分,轻度、中度、强烈、极强烈、剧烈侵蚀面积分别为 785.28 km^2、546.72 km^2、138.04 km^2、102.53 km^2、9.03 km^2。

2.水土流失成因

东北黑土区是我国重要的商品粮生产基地,多为波状起伏的漫岗地形(坡度为 1°~5°),加之母质以粗粉砂、黏土为主,具有黄土特性,表层疏松,抗蚀、抗冲能力差,底土黏重,透水能力差,因此决定了黑土易遭受侵蚀。

降雨是水土流失的动力,东北黑土区降雨集中,每年 6~9 月的降水量占全年的 70%。

降雨因素主要包括降雨强度、雨量及历时。降雨量大，产流多，侵蚀强。

黑土存在季节性冻层，由于温度的周期性正负变化，冻土层中的地下冰和地下水不断发生相位和位移，使冻土层产生冻胀、融沉、流变等一系列应力变形，这一复杂的过程即冻融作用所为，其侵蚀类型属冻融侵蚀。黑土区冻融侵蚀与水力侵蚀、重力侵蚀交织在一起，加剧了土壤侵蚀。

黑土区的自然植被为草原化草甸植物，属杂类草群落。由于土壤水分和养分条件较好，植物生长繁茂，覆盖度接近 100%，高度多在 40~50 cm，根系发达，基本没有水土流失。垦殖为耕地后，有机质分解加剧，土壤物理性状恶化，抗蚀、抗冲能力下降；土壤中植物根系稀少，加之 7 月以前地表裸露或农作物处于苗期，盖度低，植物冠层的截流作用弱，雨滴的溅蚀强烈，水土流失严重。

黑土表层松散，底土黏重，加之犁底层的存在，透水性差，易产流。黑土吸热多，冻结晚，延长了流失时间。白浆土具有透水性差、土质黏紧不渗水的特点，一遇暴雨，易产流。黑土的成土母质较单纯，主要是第三纪沙砾黏土层、第四纪沙砾黏土层和第四纪全新世沙砾黏土层三种，以第四纪沙砾黏土层分布最广。黑土母质层厚度一般为 10~40 cm，机械组成比较黏细，以粗粉砂（0.05~0.01 mm）和黏粒为主，质地黏重；而土壤水分运动范围大多在 2 m 左右，土壤水分很少通过母质层下渗补充地下水。这种结构很容易形成"上层滞水"的现象，夏季降雨集中季节易产生径流，土壤易遭受侵蚀。

3. 水土流失主要特点

东北黑土区位于我国东北部，是世界三大黑土带之一。区域水土流失强度以轻中度为主，水力侵蚀、风力侵蚀面积分别为 138 199.71 km^2、77 820.26 km^2，分别占水土流失总面积的 63.98%、36.02%。东北黑土区水土流失主要集中于坡耕地和侵蚀沟。耕地中梯田（主要为风蚀）水土流失面积 344.35 km^2，其他耕地水土流失面积 152 008.64 km^2，占耕地水土流失面积的 99.77%。东北黑土区侵蚀沟分布广、数量大、形式多样，水土流失相对严重，对土地生产力的破坏较为严重，导致耕地总面积减小、肥力下降。东北黑土区有侵蚀沟 29.57 万条，数量仍在增加中，沟道逐步向大沟方向发展，松嫩平原周围的漫川漫岗是主要的侵蚀沟分布区。

1.1.4.2　北方土石山区

1. 水土流失现状

2020 年，北方土石山区水土流失面积 162 502.46 km^2，占土地总面积的 20.15%。其中，水力侵蚀、风力侵蚀的面积分别为 141 992.95 km^2、20 509.51 km^2，分别占水土流失总面积的 87.38%、12.62%。按侵蚀强度分，轻度、中度、强烈、极强烈、剧烈侵蚀面积分别为 141 063.66 km^2、14 645.93 km^2、3 441.72 km^2、2 225.82 km^2、1 125.33 km^2，分别占水土流失总面积的 86.81%、9.01%、2.12%、1.37%、0.69%。水力侵蚀中，轻度、中度、强烈、极强烈、剧烈侵蚀面积分别为 127 630.97 km^2、8 994.34 km^2、3 196.77 km^2、1 729.63 km^2、441.24 km^2，分别占水力侵蚀面积的 89.89%、6.33%、2.25%、1.22%、0.31%。风力侵蚀中，轻度、中度、强烈、极强烈、剧烈侵蚀面积分别为 13 432.69 km^2、5 651.59 km^2、244.95 km^2、496.19 km^2、684.09 km^2，分别占风力侵蚀面积的 65.49%、27.56%、1.19%、2.42%、3.34%。

北方土石山区极强烈侵蚀面积和剧烈侵蚀面积分别为 2 225.82 km² 和 1 125.33 km²。其中,耕地极强烈侵蚀面积为 1 331.86 km²;草地剧烈侵蚀面积为388.54 km²,占比最大。

从不同土地利用类型水土流失面积来看,水土流失主要发生在耕地、林地、草地和建设用地等地类上,水土流失面积分别为 71 121.42 km²、50 670.87 km²、26 755.75 km²、7 447.58 km²。耕地中梯田水土流失面积 15 738.14 km²,其他耕地水土流失面积 55 383.28 km²。水土流失主要发生在 2°~6° 缓坡耕地和小于或等于 2° 的坡耕地上,水土流失面积分别为 20 941.41 km²、20 125.36 km²。6° 以上耕地水土流失面积 14 316.51 km²,占不同坡度等级耕地水土流失面积的 25.85%。

2020 年,北方土石山区现有人为水土流失地块 229 258 个,面积 11 799.44 km²,占土地总面积的 1.46%。人为水土流失地块水土流失面积 4 693.24 km²,占人为水土流失地块面积的 39.78%。按侵蚀强度分,轻度、中度、强烈侵蚀面积分别为 1 851.49 km²、1 646.62 km²、874.86 km²。

就水土流失的空间分布而言,区内强度以上侵蚀面积主要分布在以下地区:潮白河流域密云水库上游,永定河流域官厅水库上游,滦河流域潘大水库上游,太行山东麓子牙河、大清河、漳卫河流域上游,淮河上游的桐柏大别山区,洪河、汝河、沙河、颍河上游的伏牛山区,沂河、沭河、泗河上游的沂蒙山区,江淮、淮海丘陵区及黄泛平原风沙区。

2. 水土流失成因

降雨集中、汛期多暴雨是该区水土流失的一个重要原因。根据监测资料,区内严重的水土流失往往都是由几次暴雨造成的。北部海河流域汛期(6~9 月)雨量占全年降雨量的 75%~85%,全年降水量的多少常取决于一场或几场暴雨。沿燕山、太行山迎风坡是一条次降雨量大于 100 mm 的弧形多雨带,其中分布着多个 120~140 mm 的暴雨中心。而南部淮河流域汛期降水量占全年的 50%~75%,在桐柏山、大别山、伏牛山、沂蒙山等区域形成多处暴雨中心,丰水年月降水量达 500~1 000 mm,日降水量甚至达 300~500 mm,1 h 降水量高达 100 mm 以上,每年暴雨次数为 4~6 次,暴雨量约占年降水量的 50%。

地形破碎、坡度大、沟壑密度大等自然因素是影响区域土壤侵蚀的另一个重要原因。境内以土石山区为主,丘陵与山地交错,山丘区地面坡度大多在 20° 以上,高低悬殊,起伏显著,形成了极易侵蚀的地形条件。北部海河流域山区沟壑密度大都为 2.0~4.3 km/km²,坡度在 15° 以上的面积达 64 159 km²,其中大于 25° 的面积达 33 068 km²。南部淮河流域的伏牛山区和沂蒙山区沟壑纵横,高密度的沟壑不仅为地表径流快速下泄提供通道,而且加剧了沟壑的扩张和下切。此外,较大面积坡洪积物质和黄土的存在,也是造成水土流失的重要原因之一。

北方土石山区的黄土丘陵区土层较厚,在 50 m 左右,但抗蚀能力低。土石山区或石质山丘区经多年垦殖和不合理利用,形成了大面积土层瘠薄、抗蚀能力差的粗骨土、砂砾土,土层浅薄,涵养和蓄积水源能力低下,每逢降雨,极易形成较大的地表径流,产生较大的径流冲刷力,从而使水土流失不断加剧。

人为因素中,山丘区坡耕地的大面积分布,加上坡地经济林的不合理利用,导致植被覆盖率低,林下地表裸露,更加剧了区域水土流失。历史上,北方土石山区在未开垦的自然状况下,曾经天然植被良好,生态自然修复能力强,水土流失轻微。随着人口的快速膨胀,土地开发速度不断加快,北部海河流域山丘区坡耕地面积几乎占到耕地面积的40%,其中25°以上的坡耕地占20%左右;而南部淮河流域的坡耕地、坡式梯田面积占水土流失面积的34.4%,达到104万 hm²,其中桐柏大别山区占16.1%、伏牛山区占23.1%、沂蒙山区占33.7%、江淮丘陵区占27.1%。对森林资源的大量开发利用,且开发方式不合理,大大加速了水土流失的发生和发展,是水土流失加剧的根本原因。

3. 水土流失主要特点

北方土石山区是我国主要水土流失类型区之一,分布于松辽、海河、淮河、黄河四大流域,包括淮南山区,豫西山区,沂蒙、太行、燕山山区和东北地区的西南部分,以及西北地区的东南部分山丘地带,面积为75.4万 km²。该区以地表土石混杂、石多土少、地面极易砂砾化或石化为主要的水土流失分区特征。

北方土石山区水土流失的主要特点是土层薄、土壤相对流失量大,对土地生产力的威胁大。海河流域中,除永定河流域的黄土丘陵区外,承德北部山区、滦河流域山区、永定河流域石质山区、冀西山地等山丘区土层厚度一般为20~60 cm;淮河流域山丘区耕地有50%以上的土层厚度不到50 cm,而区内轻度水土流失每年流失土层厚度在1.0 mm左右,对于瘠薄的土层而言,相对流失量极大,对土地生产力构成严重威胁。目前,淮河流域已有近17.0万 hm²的土地变成裸岩、2.5万 hm²的土地变成难以利用的沙地,还有超过2.3万 km²土层厚度不足30 cm,正在加速流失并逐步丧失作物生产能力。

1.1.4.3　西北黄土高原区

1. 水土流失现状

2020年,黄土高原水土流失面积208 424.78 km²,占土地总面积(574 993.55 km²)的36.25%。其中,水力侵蚀、风力侵蚀的面积分别为158 219.94 km²、50 204.84 km²,占水土流失总面积的75.91%、24.09%。按侵蚀强度分,轻度、中度、强烈、极强烈、剧烈侵蚀面积分别为124 699.07 km²、52 059.41 km²、18 762.32 km²、10 171.13 km²、2 732.85 km²,分别占水土流失面积的59.83%、24.98%、9.00%、4.88%、1.31%。水力侵蚀中,轻度、中度、强烈、极强烈、剧烈侵蚀面积分别为84 707.01 km²、44 422.15 km²、17 467.88 km²、9 717.35 km²、1 905.55 km²,分别占水力侵蚀面积的53.54%、28.08%、11.04%、6.14%、1.20%。风力侵蚀中,轻度、中度、强烈、极强烈、剧烈侵蚀面积分别为39 992.06 km²、7 637.26 km²、1 294.44 km²、453.78 km²、827.30 km²,分别占风力侵蚀面积的79.66%、15.21%、2.58%、0.90%、1.65%。

黄土高原极强烈侵蚀面积和剧烈侵蚀面积分别为10 171.13 km²和2 732.85 km²。主要分布在耕地和草地地类上,面积分别为4 516.88 km²和1 418.56 km²,占比分别为44.41%和51.91%。

从不同土地利用类型水土流失面积来看,水土流失主要发生在林地、草地和耕地等地类上,水土流失面积为70 220.21 km²、62 102.30 km²、57 979.04 km²。耕地中梯田水土流失面积13 437.20 km²、其他耕地水土流失面积44 541.84 km²。水土流失主要发生在小于或等于2°缓坡耕地和6°~15°的坡耕地上,水土流失面积分别为19 998.56 km²、11 790.35 km²。6°以上耕地水土流失面积19 596.89 km²,占不同坡度等级耕地水土流失面积的

44.00%。

2020年,黄土高原现有人为水土流失地块118 969个,面积5 836.28 km²,占土地总面积的1.02%。人为水土流失地块水土流失面积4 607.80 km²,占人为水土流失地块面积的78.95%。按侵蚀强度分,轻度、中度、强烈、极强烈、剧烈侵蚀面积分别为1 856.17 km²、2 130.13 km²、576.28 km²、45.16 km²、0.06 km²。

2. 水土流失成因

水力侵蚀是西北黄土高原区最主要的土壤侵蚀类型,分布非常广泛,其中黄土丘陵沟壑区和黄土高塬沟壑区是水力侵蚀最为严重的地区。风力侵蚀主要分布于内蒙古、陕北和宁夏境内,强烈及以上的风力侵蚀占比较大,该区风力侵蚀非常严重。冻融侵蚀主要分布于黄土高原西部山体的上部,由于该区地势较高、气温较低,冻融侵蚀比较活跃。

地形破碎、土质疏松、暴雨集中以及植被缺乏是构成黄土高原地区水土流失的主要原因。黄土高原地形破碎,沟深坡陡,缓平地只占土地面积的1/5。黄土高塬沟壑密度大,坡陡沟深、地面坡度大部分在15°以上。黄土高原主要地表组成物质为黄土,黄土成分以粉砂粒(0.005~0.05 mm)为主,而粉砂粒级中又以粗粉砂占绝对优势,占总重量的50%以上。黄土特性是引起高原水土流失的内在原因。粒度特性决定了黄土胶结疏松,孔隙度大,分散率高,土粒在水中极易分散悬浮,土块遇水后迅速崩解,黄土的抗蚀性极弱。此外,黄土垂直节理发育,沟壁陡崖垂直裂缝交错,为片蚀、沟蚀、崩塌及洞穴侵蚀提供了充分条件,同时砂黄土的特点也有利于风蚀作用。黄土高原降水年季分布极不均匀,水土流失的发生过程与暴雨径流及由此产生的暴雨洪水密切相关。乱砍滥伐、过度放牧、陡坡开垦等掠夺式的土地利用方式以及不合理的资源开发建设活动,也会进一步加剧水土流失。

3. 水土流失主要特点

西北黄土高原区是我国水土流失最为严重的地区,是世界上面积最大的黄土覆盖地区和黄河泥沙的主要策源地。水力侵蚀是西北黄土高原区最主要的土壤侵蚀类型,分布非常广泛。

西北黄土高原区地形地貌以发育塬、梁、峁等沟间地及切沟、冲沟、干沟、河沟等沟谷地为特征,形成独特的黄土沟壑景观地貌,每年平均输入黄河泥沙量居世界大河输沙量之首,是黄河泥沙的主要来源地。由于黄土高原地区水土流失严重,导致耕地减少、土地退化、沙尘暴频繁发生、河道泥沙淤积、生态环境恶化,严重影响着社会进步、发展与国计民生。因此,严重的水土流失是黄土高原地区乃至黄河流域的头号生态环境问题,坡耕地及侵蚀沟道综合治理、入黄泥沙控制、小型水利水保设施建设是该区水土保持的主要任务。

1.1.4.4 西南紫色土区

1. 水土流失现状

2020年,西南紫色土区(四川盆地及周围山地丘陵区)水土流失面积138 778.46 km²,占土地总面积的27.23%,均为水力侵蚀。按侵蚀强度分,轻度、中度、强烈、极强烈、剧烈侵蚀面积分别为100 494.18 km²、18 972.37 km²、10 695.44 km²、6 725.50 km²、1 890.97 km²,占水土流失总面积的72.41%、13.67%、7.71%、4.85%、1.36%。

西南紫色土区极强烈侵蚀面积和剧烈侵蚀面积分别为6 725.50 km²和1 890.97 km²,主要分布在耕地上,面积分别为6 143.72 km²和1 760.95 km²,占比最大。

从不同土地利用类型水土流失面积来看,水土流失主要发生在林地和耕地上,水土流失面积分别为 75 099.72 km² 和 48 131.59 km²。耕地中梯田水土流失面积 1 460.87 km²,其他耕地水土流失面积 46 670.72 km²。水土流失主要发生在 6°~15° 和 15°~25° 坡度级耕地上,水土流失面积分别为 18 141.29 km²、16 201.94 km²。6° 以上耕地水土流失面积 43 063.06 km²,占不同坡度等级耕地水土流失面积的 92.27%。

2020 年,西南紫色土区现有人为水土流失地块 111 189 个,面积 2 350.36 km²,占土地总面积的 0.46%。人为水土流失地块水土流失面积 1 864.70 km²,占人为水土流失地块面积的 79.34%。按侵蚀强度分,轻度、中度、强烈、极强烈、剧烈侵蚀面积分别为 647.71 km²、548.86 km²、391.04 km²、273.69 km²、3.40 km²。

金沙江下游及毕节地区,嘉陵江流域,沱江、岷江中游,乌江上游及三峡库区是长江上游最为严重的水土流失区。水土流失不仅造成表土丧失、土壤肥力下降、土地农业利用价值丧失,直接影响农村粮食自给、农业生产和农民生活,而且严重制约着当地农村经济发展和农民的脱贫致富,导致河流泥沙增加,淤积水库、污染水质,对河流中下游地区造成严重的威胁。

2. 水土流失成因

西南紫色土区是以石灰岩母质及土状物为优势地面组成物质的区域,该区深居内陆,由四面环山的盆地及其周边的山地组成,整体呈现出四周高中间低、西北高东南低的地势,区内山地、丘陵、谷地和平原相间分布。该区紫色土风化强烈,通透性好,抗侵蚀弱,面蚀和沟蚀都十分严重。水土流失主要分布在坡耕地、荒山荒坡和疏幼林地,其中坡耕地是水土流失的主要来源。

该区域地质运动强烈,形成盆地构造骨架和多褶皱带,地形起伏大。燕山运动和喜马拉雅运动,使得地台盖层出现红色构造的褶皱带。另外,该区域地处亚热带季风气候带,强烈的雨水作用将区域切割成盆中方山丘陵、盆东平行岭谷、盆南低山丘陵和盆北低山的地貌,以及周边的高山地区。这样的地形地貌给侵蚀营力创造了便利的条件,易于发生水土流失。

紫色页岩岩体松软,易风化,加上紫色页岩颜色深、吸热多,热胀冷缩剧烈,在其边缘常发生崩塌、滑坡等重力侵蚀。重力侵蚀的产物,一旦遇到大暴雨,就会发生风化—侵蚀—再风化—再侵蚀的循环式母质侵蚀。

该区属亚热带季风气候,多年平均降水量 800~1 600 mm,夏季降水多且暴雨频发。许多地区一日最大降雨量可达 100~250 mm,局部地区 24 h 降雨量可达 800~1 000 mm,伴随这些降雨的作用,常有洪涝灾害发生。这样的结果导致该区的地表径流量大,而径流则是导致水土流失的主要外营力。

该区人口众多,是我国人口密度最大的区域之一。长期以来,不断扩大山坡地垦殖,丘陵区垦殖率不断增大,导致区内坡耕地分布广泛;曾经森林覆盖率很高的区域,随着人口的膨胀、人类活动加强,覆盖率迅速减小,过度垦殖和砍伐导致了水土流失的加剧。在工矿交通等建设过程中,改变原有的植被、地形等因素,产生大量的废弃土、石、渣和裸岩、裸坡,这些都会引发严重的水土流失。

3. 水土流失主要特点

西南紫色土区水土流失以轻中度为主,占水土流失面积的 85.96%,主要集中分布于四川盆地丘陵区、秦巴山地和邛崃山-岷山地区。

西南紫色土区水土流失特点如下:

(1)人口密度大、垦殖率大、植被覆盖率低。四川盆地是我国西部主要的经济区域,工农业生产发达,人口密度高,坡耕地广泛分布,天然植被很少。人为耕种造成的坡耕地侵蚀以及工矿交通建设等造成的新增水土流失占很重要的地位。

(2)降雨量大、土层薄、蓄水量少,径流系数高,壤中流在径流中成分比例大。该区雨量充沛,年均降雨量在 1 000 mm 左右,降雨主要集中在每年的 5~9 月,5~9 月的降雨量占年降水量的 70%~90%,且多暴雨,尤其在多雨季。盆中丘陵地区紫色土,土层浅薄,蓄水量少且渗透率低。壤中流损失也是紫色土丘陵区径流损失的重要特征,导致薄土作物生产的不稳定性。

(3)地表崎岖,岩性松散,土壤抗蚀性弱。盆地中紫色砂页岩地区,丘陵起伏,以台坎和孤丘为主。由于地面切割,丘陵起伏,降雨集中,故水土流失严重。嘉陵江上游西秦岭一带黄土分布区,泥石流、滑坡也集中分布。

(4)坡耕地面积大,水土流失严重。群丘林立,丘包数量多,丘坡面积广大,坡地侵蚀是整个川中丘陵土壤侵蚀的重要方式。嘉陵江、沱江和三峡库区等水土流失严重的区域,水土流失问题主要集中在坡耕地上,坡耕地土壤侵蚀量占区域土壤总侵蚀量的 60%~80%。坡耕地侵蚀造成大量表土流失,使土地资源和农业生态恶化,潜在危险性大。

1.1.4.5　北方风沙区

1. 水土流失现状

北方风沙区通常指传统农业经济与草地畜牧业经济交汇和过渡的地带。我国北方风沙区从地形单元的第二阶梯边缘东北大兴安岭向南,经过燕山山脉,沿长城延展到宁夏六盘山区。

北方风沙区所处的地理位置使得该地区的自然条件有着多重过渡性质。塑造地形的营力从水力为主逐渐过渡到风力为主,也是重要的过渡性质之一。这种过渡不是简单的"切变":一是水蚀和风蚀相互穿插渗透,难以寻找空间界限;二是两种营力作用的时间随季节主次转换,风季以风力侵蚀为主、雨季以水力侵蚀为主;三是互为因果和互动互利,雨季的水蚀为风季的风蚀创造了疏松的床面(沙物质堆积),风沙堆积又为水蚀准备了最容易突破的松软基础。

据监测,2020 年,北方风沙区水土流失面积 1 340 625.47 km²,占土地总面积的 55.79%。其中,水力侵蚀、风力侵蚀的面积分别为 104 771.47 km²、1 235 854.00 km²,分别占水土流失总面积的 7.82%、92.18%。按侵蚀强度分,轻度、中度、强烈、极强烈、剧烈侵蚀面积分别为 733 935.51 km²、259 767.11 km²、104 826.29 km²、97 635.88 km²、144 460.68 km²,分别占水土流失总面积的 54.74%、19.38%、7.82%、7.28%、10.78%。水力侵蚀中,轻度、中度、强烈、极强烈、剧烈侵蚀面积分别为 73 948.77 km²、21 664.29 km²、5 805.69 km²、2 662.26 km²、690.46 km²,分别占水力侵蚀面积的 70.58%、20.68%、5.54%、2.54%、0.66%。风力侵蚀中,轻度、中度、强烈、极强烈、剧烈侵蚀面积分别为

659 986.74 km²、238 102.82 km²、99 020.60 km²、94 973.62 km²、143 770.22 km²,分别占风力侵蚀面积的 53.41%、19.27%、8.01%、7.68%、11.63%。

北方风沙区极强烈侵蚀面积和剧烈侵蚀面积分别为 97 635.88 km² 和 144 460.68 km²。主要分布在其他土地地类上,面积分别为 90 134.13 km² 和 128 627.21 km²。

从不同土地利用类型水土流失面积来看,水土流失主要发生在其他土地、草地、耕地和林地等地类上,水土流失面积分别为 673 234.46 km²、562 637.82 km²、62 526.20 km²、37 138.63 km²。耕地中梯田水土流失面积 816.48 km²、其他耕地水土流失面积 61 709.72 km²。水土流失主要发生在小于 2°的耕地和 2°~6°缓坡耕地上,水土流失面积为 56 477.24 km²、3 607.74 km²。6°以上耕地水土流失面积 1 624.74 km²,占不同坡度等级耕地水土流失面积的 2.63%。

2020 年,北方风沙区现有人为水土流失地块 31 751 个,面积 3 360.85 km²,占土地总面积的 0.14%。人为水土流失地块水土流失面积 2 767.13 km²,占人为水土流失地块面积的 82.33%。按侵蚀强度分,轻度、中度、强烈侵蚀面积分别为 1 837.31 km²、832.47 km²、96.47 km²、0.88 km²。

2. 水土流失成因

旱地农业和草地放牧两个生态系统在"突发转换"和相互渗透过程中逐渐融合,形成一个独特的生态系统。在突发转换过程中,原生植被遭到严重破坏,风蚀和水蚀强烈,水土流失严重,沙漠化强烈发展,沙尘暴频繁,旱涝经常发生,生态环境十分脆弱,严重影响着当地人民的生产和生活,甚至生命财产安全,成为我国生态环境最不安全的地区之一。

由于水风蚀的复合作用,加之组成地层成岩作用弱、结构松散,砒砂岩大范围分布,洪沟和风把大量泥沙带入黄河,该区成为黄河粗泥沙的主要来源区和黄河水系泥沙含量最大的地区。

该区域东面与南面毗邻水蚀水土流失区,其东南界为沙漠化土地发生、发展的东南界,区域的西面和北面与风蚀土壤侵蚀区域接壤,其西北界为旱作农业的北方界限。

水风蚀复合区气候特点表现为旱涝无常,降水集中,多暴雨和大风、沙尘暴频繁,具有半干旱半湿润气候条件下的区域特征。区域的地貌类型处在不同地貌单元的过渡区域。自西而东依次为:①河套平原、鄂尔多斯风沙高原向黄土高原的过渡;②阴山山地丘陵盆地向黄土丘陵过渡;③燕山山地及北麓山地丘陵向黄土台地过渡;④大兴安岭南段东南麓低山丘陵,松嫩平原向黄土台地过渡。总体而论,西北界的景观是高原与盆地沙地、零星沙地;东南界的景观为沙黄土零星覆沙到片状覆沙。自东南向西北,水蚀形态逐渐减弱,风蚀形态逐渐增强。零星覆沙区水蚀形态占 85.79%、风蚀形态占 14.21%;片状覆沙区,水蚀形态占 51.59%、风蚀形态占 48.41%。

营力的交错与交替,是指在时间序列上,风与水在年际随干湿波动变化周期的交替和年内随着季节变化周期性交替,强度上各有主次。冬春季节风力的侵蚀、搬运与堆积过程盛行,夏秋季节流水侵蚀过程活跃,但每个时期这两种过程都有不同程度的作用。这是营力过程区域性分异在时间序列上的短周期表现,更长的周期性交替亦有同样的特征。晚近地质时期以来,干湿冷暖的交替,风力为主的阶段与流水盛行阶段交替出现,在地层中留下多旋回、多成因的堆积构造。所谓风、水作用的相互渗透,是指在区域分布上,两者彼此交替、相互穿插深入,形成错综复杂的景观。这两种营力的区域分布,表现出此消彼长的相反变化,风力作用强度及其地面效应由西北向东南渐弱;流水作用则相反,作用强度及其地面效应由西北向东南渐强的趋势明显。

3. 水土流失主要特点

水风营力不仅存在共同作用特征,而且有相互交替作用的特征,表现如下:

(1)雨季,流水侵蚀、分选和搬运沙黄土,堆积于黄土坳地、洼地、宽缓沟谷内;干旱季节,地面干燥,流水分选堆积的沙土被风力侵蚀,形成风沙流,挟沙堆积于洞地、洼地、宽缓沟谷周围坡地。

(2)风与流水侵蚀共同作用于沙黄土丘陵坡面。坡面上部片状水流冲刷坡面,经过坡面片状径流对沙黄土的分选搬运,在一定部位重新堆积,冲积物粒度变粗,再经风力的分选,粒度更粗。两种营力共同作用渐次发展,坡面出现片状、斑状、薄层状覆沙。

(3)沙黄土地带北部坡面细沟、浅沟和切沟发育与沙黄土南部带有所不同。一是坡面上单位宽度内的沟谷条数相对较少,坡面相对完整。其原因在于降雨强度较小和沙黄土下渗能力较强,故坡面的风蚀占优势。二是风力侵蚀的结果,向风坡面切沟纵剖面多跌水坡折和不规则弯曲。切沟两岸阶地上的水风蚀堆积物厚度较大,重新风蚀后风蚀残墩和沙丘高度较大。

1.1.4.6　西南岩溶区

1. 水土流失现状

2020 年,西南岩溶区水土流失面积 181 980.09 km²,占土地总面积的 25.71%。其中,西南岩溶区水土流失类型均为水力侵蚀。按侵蚀强度分,轻度、中度、强烈、极强烈、剧烈侵蚀面积分别为 120 413.78 km²、27 565.52 km²、16 895.65 km²、11 620.02 km²、5 485.12 km²,分别占水土流失总面积的 66.17%、15.15%、9.28%、6.39%、3.01%。

西南岩溶区极强烈侵蚀面积和剧烈侵蚀面积分别为 11 620.02 km² 和 5 485.12 km²。主要分布在耕地地类上,面积分别为 10 781.56 km² 和 5 233.33 km²,占比分别为 92.78% 和 95.41%,占比最大。

从不同土地利用类型水土流失面积来看,水土流失主要发生在林地、耕地、草地和园地等地类上,水土流失面积分别为 79 588.66 km²、66 156.43 km²、21 895.65 km²、9 099.30 km²。耕地中梯田水土流失面积 3 757.61 km²,其他耕地水土流失面积 62 398.82 km²。水土流失主要发生在 6°~15° 和 15°~25° 的坡耕地上,水土流失面积分别为 21 688.99 km²、23 981.69 km²。6° 以上耕地水土流失面积 58 832.71 km²,占不同坡度等级耕地水土流失面积的 94.28%。

2020 年,西南岩溶区现有人为水土流失地块 231 458 个,面积 4 689.66 km²,占土地总面积的 0.66%。人为水土流失地块水土流失面积 3 994.84 km²,占人为水土流失地块面积的 85.18%。按侵蚀强度分,轻度、中度、强烈侵蚀面积分别为 589.52 km²、1 771.62 km²、1 075.80 km²。

2．水土流失成因

岩溶石漠化区水土流失的易发性主要表现在以下几个方面：成土速率缓慢、土壤资源分散、土壤剖面中缺乏 C 层（过渡层）、土壤团聚体水稳性差。

（1）碳酸盐岩风化成土速率十分缓慢。碳酸盐岩是可溶岩，矿物成分主要为方解石和白云石；岩石类型主要为石灰岩、白云岩及其过渡类型；主要化学成分为 CaO、MgO，其中的成土物质（酸不溶物：SiO_2、Al_2O_3、Fe_2O 等）含量很少。

（2）土壤资源零星分散。西南岩溶区土壤资源的分布呈现出分散、零星和不足的特征。贵州省作为我国西南岩溶石山区分布的中心，是我国唯一没有平原大坝的省份。各种高原山地占总土地面积的 87%、丘陵占总土地面积的 10%。全省大于 10°的坡地面积占土地面积的 85%之上，大于 25°的坡地面积占 1/3 左右。

（3）土壤剖面结构及分布特征。从岩溶区的土壤结构看，碳酸盐岩母岩与土壤之间缺失 C 层（过渡层），土壤与岩石之间呈明显的刚性接触，两者之间的亲和力和黏着力差，一旦遇大雨，极易产生水土流失和块体滑移。

3．水土流失主要特点

西南岩溶区水土流失过程具有复杂性。在非岩溶区，地表水系发育，水土流失的主要形式表现为降雨挟带泥沙顺坡而下，进入地表河。在岩溶石山区，地下水系发育，其水土流失的主要表现形式为：降雨挟带泥沙首先进入地下管道、地下河，然后出露地表，汇入地表河。

西南岩溶区水土流失类型多样。受地貌、气候、岩性、土壤等因素的影响，不同区域的水土流失具有明显的差异，主要表现在：从东往西，随着海拔的升高，气候由亚热带过渡到寒带和永久冰雪带，水土流失由以水力侵蚀为主逐步过渡到以冻融侵蚀为主。在贵州高原、大巴山区和川东平行岭谷条形山地区，由于广泛出露碳酸盐岩，由此而产生的特殊水力侵蚀溶蚀作用集中分布，形成石芽、峰丛、峰林、溶洞、地下河等溶蚀地貌。在高山高原深切河谷地带，即怒江、澜沧江、金沙江、雅砻江、大渡河、雅鲁藏布江等及其支流的深切河谷中，由于谷坡陡峭，地表物质无论岩石块体还是疏松土体，稳性低，同时降雨集中，为泥石流、滑坡（含崩塌）集中成带分布区。

贵州省具有 87%的山地、高原，坡耕地是其旱地进行农业生产的主要部分。区域人口压力大、长期粮食不足，导致农村主要劳动力被牵制在粮食生产上，为了人均耕地短缺的危机，大量开垦坡地、陡坡地，坡地开垦为耕地必然会导致水土流失面积的增加，而碳酸盐岩成土过程和土壤结构的特殊性，就导致石漠化面积的不断扩张，形成边开垦、边流失、边石漠化，陷入生态环境的恶性循环。

1.1.4.7　南方红壤区

1．水土流失现状

南方红壤区（南方山地丘陵区）的土壤侵蚀类型复杂多样，按其侵蚀方式，可分为面状侵蚀、沟状侵蚀、滑坡侵蚀、崩塌侵蚀、崩岗侵蚀、泥石流侵蚀等以及由采矿、采石、取土、修路、开发区建设、水利电力工程等人为活动引起的工程侵蚀。

从宏观区域的分布上来看，赣南山地丘陵区、湘西山区、湘赣丘陵区、闽粤东部沿海山地丘陵区是红壤区水土流失较为严重的区域,也是较为典型的水土流失区。

2020 年,南方红壤区水土流失面积 132 510.12 km²,占土地总面积的 10.75%,均为水力侵蚀。按侵蚀强度分,轻度、中度、强烈、极强烈、剧烈侵蚀面积分别为 110 579.56 km²、13 286.02 km²、5 127.39 km²、2 490.92 km²、1 026.23 km²,分别占水土流失总面积的 83.45%、10.03%、3.87%、1.88%、0.77%。

南方红壤区极强烈侵蚀面积和剧烈侵蚀面积分别为 2 490.92 km² 和 1 026.23 km²。主要分布在耕地地类上,面积分别为 1 577.40 km² 和 799.43 km²,占比最大。

从不同土地利用类型水土流失面积来看,水土流失主要发生在林地、耕地、园地和建设用地等地类上,水土流失面积分别为 79 172.95 km²、23 202.16 km²、12 559.85 km²、10 211.44 km²。耕地中梯田水土流失面积 300.26 km²、其他耕地水土流失面积 22 901.90 km²。水土流失主要发生在 6°~15° 坡耕地和 2°~6° 缓坡耕地上,水土流失面积分别为 8 958.22 km²、8 417.45 km²。6° 以上耕地水土流失面积 13 014.33 km²,占不同坡度等级耕地水土流失面积的 56.83%。

2020 年,南方红壤区现有人为水土流失地块 590 903 个,面积 13 044.50 km²,占土地总面积的 1.06%。人为水土流失地块水土流失面积 8 770.62 km²,占人为水土流失地块面积的 67.24%。按侵蚀强度分,轻度、中度、强烈侵蚀、极强烈和剧烈侵蚀面积分别为 4 159.03 km²、2 595.59 km²、1 602.37 km²、377.65 km²、35.98 km²。

2. 水土流失成因

南方八省(江西、福建、浙江、广东、湖北、河南、安徽、湖南)降水的最主要特征是降水量大、降水集中,且多以台风暴雨出现。南方八省年均降水量为 800~2 500 mm,远大于全国年均降水量。南方八省降水主要集中在 4~9 月,这期间降水量占全年的 70% 以上,高强度的降水对地表土壤的破坏和短时间形成的径流作用非常显著,极易诱发严重的水土流失。我国南方地区是台风多发地区。台风往往伴着强降水,极易诱发滑坡、泥石流、崩塌、塌陷等与水土流失密切相关的自然灾害的发生和发展。自然灾害在不同程度上导致和加剧了南方地区严重水土流失的发生和发展。

组成南方土壤母质的岩石类型中分布面积广、易发生水土流失的主要有花岗岩、紫色页岩、第四纪红黏土及石灰岩等。这些母岩自身风化程度高,抗蚀性很差,再加上南方地区气温高、辐射热量大、雨量多,且高温和多雨同季,导致这些母质和基岩的物理风化、化学风化和生物活动过程十分强烈,极易遭受侵蚀而发生水土流失,故这些基岩裸露地区一直是南方八省水土流失严重的区域。花岗岩在南方八省出露最为广泛,其发育的土壤流失分布面积也最大,流失程度也最为严重。

南方八省地区土体浅薄,厚度一般在 1~2 m,甚至更浅,土层浅、蓄水能力低,暴雨来临极易形成较大的地表径流,产生较强的径流冲刷力。由于土壤形成是个极为缓慢的过程,一旦流失,则损失惨重,基本无法挽救。长期的水土流失使表层土壤不断流失,坡耕地和坡地经济林土壤退化严重,粗骨化、砂砾化现象日趋严重,抗蚀力也日趋恶化,土壤流失速度逐步加快,生产力逐步降低,可利用能力正在逐步丧失。

南方八省地区低山和丘陵交错,地形破碎,坡度大,高低悬殊,起伏显著,形成了极易侵蚀的地形条件。南方八省土地总面积中,岗地占 11.4%、丘陵占 26.7%、山区占 33.8%,三者合计平均占 71.9%,属于典型的低山丘陵地区,为易发生水土流失的地区。南方八省的水土流失主要发生在海拔 500 m 以下的地区,如侵蚀最严重的崩岗,虽然在南方地区崩岗广泛发育,但很少见于高海拔的山区,基本发生在相对高差不足 40~80 m 的低丘地貌单元。

3. 水土流失主要特点

南方红壤区是以硅铝质红色和棕红色土状物为优势地面组成物质的区域,该区域水土流失以轻中度为主,全部为水力侵蚀。从地域的分布来看,该区中的赣南山地丘陵区、湘西山区、湘赣丘陵区、闽粤东部沿海山地丘陵区是水土流失较为严重的区域。南方红壤区低山丘陵众多,坡耕地在该区分布比例较大,是水土流失的主要来源区。顺坡开垦现象在南方红壤区一直比较严重,由于人为松耕,坡耕地的土壤表层受到破坏,土壤颗粒多呈分散状态,黏结力下降,水土流失加剧。侵蚀类型以水力侵蚀为主,侵蚀形式表现为坡耕地层状面蚀、砂砾化面蚀、细沟状面蚀等,地表径流量和土壤侵蚀量很高。一般坡耕地的水土流失土层比没有受到破坏的自然裸露坡地要高 10 倍左右。坡耕地侵蚀不仅导致大量表土丧失,土壤结构变差,质地变粗,肥力退化和农业减产,更严重的是造成河流、水库淤积。采矿、采石、取土等人为侵蚀是南方红壤区严重的一种水土流失类型。虽然无法准确统计出南方红壤区的具体采矿、采石、取土场数量,但基本情况是遍地开花、规模不一。多位于接近交通干道的丘陵山地,开采过程中常采用机械、爆破、人工等方法剥离表土,使原始地形地貌、植被、土壤等遭受整体性的扰动破坏,从而产生严重的水土流失。

1.1.4.8　青藏高原区

1. 水土流失现状

2020 年,青藏高原区水土流失面积 311 858.85 km²,占土地总面积的 13.90%。其中,水力侵蚀、风力侵蚀的面积分别为 123 535.67 km²、188 323.18 km²,分别占水土流失总面积的 39.61%、60.39%。按侵蚀强度分,轻度、中度、强烈、极强烈、剧烈侵蚀面积分别为 210 766.86 km²、44 376.26 km²、33 628.23 km²、16 467.56 km²、6 619.94 km²,分别占水土流失总面积的 67.59%、14.23%、10.78%、5.28%、2.12%。水力侵蚀中,轻度、中度、强烈、极强烈、剧烈侵蚀面积分别为 96 241.84 km²、18 279.30 km²、5 220.16 km²、2 329.34 km²、1 465.03 km²,分别占水力侵蚀面积的 77.89%、14.80%、4.23%、1.89%、1.19%。风力侵蚀中,轻度、中度、强烈、极强烈、剧烈侵蚀面积为 114 525.02 km²、26 096.96 km²、28 408.07 km²、14 138.22 km²、5 154.91 km²,分别占风力侵蚀面积的 60.81%、13.86%、15.08%、7.51%、2.74%。

青藏高原区极强烈侵蚀面积和剧烈侵蚀面积分别为 16 467.56 km² 和 6 619.94 km²。主要分布在草地上,极强烈侵蚀面积和剧烈侵蚀面积分别为 3 829.73 km² 和 1 287.41 km²,占比最大。

从不同土地利用类型水土流失面积来看,水土流失主要发生在草地、其他土地和林地上,水土流失面积分别为 192 823.73 km²、82 157.66 km²、31 317.76 km²。耕地中梯田水土流失面积 432. 93 km²、其他耕地水土流失面积 4 202. 72 km²。≤2°、2°~6°、6°~15°、15°~25°、25° 以上耕地水土流失面积分别为 1 735. 26 km²、281. 92 km²、732. 71 km²、692. 24 km²、760. 59 km²。青藏高原区 6° 以上耕地水土流失面积 2 185. 54 km²,占不同坡度等级耕地水土流失面积的 52. 00%。

2020 年,青藏高原区现有人为水土流失地块 12 294 个,面积 772. 87 km²,占土地总面积的 0. 03%。人为水土流失地块水土流失面积 639. 94 km²,占人为水土流失地块面积的 82. 80%。按侵蚀强度分,轻度、中度、强烈侵蚀面积分别为 287. 91 km²、217. 69 km²、63. 24 km²、70. 20 km²、0. 90 km²。

2. 水土流失成因

1) 自然因素

(1) 降水。青藏高原区降水量在区域分布上具有不平衡性,青藏高原东部和南部的低海拔地区的个别地区,多年平均降水量高达 1 000~4 000 mm,局部降水量达到 4 500 mm 左右,其他绝大多数区域的降水量多为 300~600 mm。降水主要集中在 5~9 月,此时段也是水力侵蚀最为严重的时期。降水强度大且降水集中,山高坡陡,土层较薄,植被覆盖率相对较低,加上冰川融水形成大量地表径流,加大了水土流失的程度,极易形成大面积的面蚀、滑坡和泥石流。

(2) 大风。青藏高原区大风主要集中在北纬 32° 线一带,从柴达木盆地至阿里地区、喜马拉雅山与冈底斯山脉之间山谷地带的藏西区域。此区域大风时间达到 100~200 d,最大风速超过 40 m/s。大风主要发生在 11 月到次年 5 月,风力侵蚀较严重。此区域干旱少雨,土质疏松,过度放牧又导致植被覆盖率降低,松散的地表物质极易随大风发生移动形成风力侵蚀。风力侵蚀使地表物质流失,不但会降低土地的生产力,阻碍农牧业的发展,还会破坏生态环境,污染空气。

(3) 温度。青藏高原的气候总体上具有东南温暖湿润、西北严寒的特点,多年平均气温从东南的 10 ℃ 左右递减到西北的 -2. 8 ℃ 左右,尤其藏北区域,多年平均气温在 -6 ℃ 以下,9 月到次年 5 月左右均为严寒期。藏北大部分时间天气寒冷、气温较低,表层土热量不断散失,地温不断下降,在表层土与岩石之间形成一层冻层并成为不透水层。解冻时表层水先融化,下层的冻土融化缓慢,水分不能下渗,势必产生地表径流,造成水土流失,形成冻融侵蚀。

(4) 其他。主要包括地形、地貌、地质、植被条件等因素。该地区山高坡陡、土层较薄、岩石风化、植被稀少等,都促成了水土流失的发生。

2) 人为因素

人类活动对水土流失的影响十分强烈。人类活动较少,或天然植被保护好的地区,水土流失微弱;人类活动多,特别是不合理利用土地,森林、植被遭到破坏及其过度砍伐的地区,水土流失严重。

(1) 不合理利用土地。该因素是产生水土流失的原因之一,对水土资源的不合理利用,乱垦滥伐,耕作粗放以及广种薄收等不良习惯,使土地大量裸露,植被破坏,造成大面积的水土流失。尤其是农牧交错区大片开荒种地,对生态破坏严重。

（2）森林、草原植被无序破坏。乱砍滥伐树木，放火烧山，使森林遭到破坏，地面裸露，失去蓄水保土的作用，由于雨水滴击溅表土和流水侵蚀，加剧了水土流失。

（3）过度放牧。广大牧区，为了追求较大的经济效益，把扩大畜群数量作为增收和发展的重要途径，超载放牧，使天然草场难以按自然规律恢复其生产能力，逐渐退化形成"黑土滩"甚至荒漠化。

3. 水土流失主要特点

青藏高原区水土流失以轻中度为主，兼具水力侵蚀、风力侵蚀、冻融侵蚀。水力侵蚀和风力侵蚀主要分布在人类活动较明显区域、城镇周边和退化草场。水力侵蚀主要分布在人口集中、人类活动频繁的甘肃南部地区，集中在西藏南部、东南高山河谷和青海东部等降水量较多的地区。风力侵蚀主要分布在西部西藏高原和川西高原的高寒草甸草场、草原草场，集中在昆仑山以南、申扎—曲麻莱一线以西，海拔在 4 000 m 以上的广大地区，以风力剥蚀和风力堆积为主。冻融侵蚀是青藏高原区土壤侵蚀的主要类型，全区基本都有分布。

由于长江上游及西南诸河发源于青藏高原，该地区海拔高，很多山峰都在 6 000 m 以上，加之河谷深切 2 000～3 000 m，自然地理环境具有垂直地带性变化。与此相适应，水土流失也具有明显的垂直地带性。一般从上往下由冰川侵蚀、冻融侵蚀逐步过渡到水力侵蚀。水土流失的垂直地带性规律，在极高山区就形成了不同水土流失类型的环状叠置分布特征。众所周知，该区的冻融侵蚀是高海拔冻融侵蚀，不同于高纬度冻融侵蚀，其特点是海拔高，往往在一座山的顶部气候寒冷，为冰川侵蚀和冻融侵蚀，而下部随着海拔降低、气温升高逐步过渡为水力侵蚀，不同侵蚀类型呈层状叠置状态。因此，在垂直投影的平面地形图上，在海拔 5 000 m 以上的极高山，能见到不同的水土流失类型：冰川侵蚀、冻融侵蚀与水力侵蚀呈环状的叠置分布。冰川侵蚀在内，冻融侵蚀与水力侵蚀依次环绕在外。

该区西部重点是加强三江源地区及其周边唐古拉山的草场和湿地的保护与管理，实施生态移民，维护水源涵养功能，合理轮牧，限制暖季草场的过度利用，建立割草场以备冬用，禁止滥挖虫草、贝母等药材，防止土地沙化；东部地区加强旱作农地水土流失治理，发展区域农业产业和生态旅游业，加强草场管理，适当建立人工草地，促进牧业生产。

1.2 全国水土保持区划

1.2.1 区划划分情况

全国水土保持区划是落实水土保持工作方针的重要举措，是指导我国水土保持工作的技术支撑，是全国水土保持规划的基础和组成部分，是一项十分重要的基础性工作。

全国水土保持区划是在土壤侵蚀类型区划和自然地理区划的基础上，根据自然条件、社会经济情况、水土流失特点、水土保持现状的区域分异规律，将区域划分为若干个水土保持区，并结合区域社会经济发展特点、区位特征、科技水平，因地制宜地提出不同区域的生产发展方向和水土流失治理要求,以便指导各地科学地开展水土保持工作,做到扬长避短、发挥优势,使水土资源得到充分合理的利用,水土流失得到有效的控制,收到最好的经济效益、社会效益和生态效益。

众所周知,我国地域广阔,自然条件复杂,水土流失面积大、形式多样、强度程度不一;经济发展不平衡导致区域水土资源开发、利用、保护的需求不一;区域水土流失防治方略、模式、标准不一。因此,必须充分考虑自然条件和社会经济发展的区域差异,紧密结合国家、区域发展总体战略和布局要求,统筹协调国家与地方、流域与区域、部门与部门之间的水土保持需求,既考虑水土流失的自然属性,又考虑水土保持的社会经济属性,将全国水土保持区划定位为全国性部门综合区划,制订科学、合理、可操作的全国水土保持区划方案,才能做到因地制宜、分区指导。水土保持区划作为水土保持的一项重要基础工作,将在相当长的时间内有效指导水土保持规划和水土保持工作,其意义重大且影响深远。

全国水土保持区划是开展水土保持规划的重要基础和最为关键的环节,其技术性较强,是在前人工作基础上创造性地开展的。只有在系统分析全国水土流失及其防治现状的基础上,根据区域水土流失特点、社会经济发展状况及防治需求,制订出科学完整的区划方案,才能为规划的分区防治方略、区域布局与规划、重点项目布局与规划方案的制订提供决策依据。

长期以来,科研院所、高等院校、部分流域管理机构和各省(区、市)进行了大量的土壤侵蚀类型分区及水土保持分区的研究,为全国水土保持工作提供了重要的技术支撑,但从全国层面上讲,各类区划总体上存在界线不清晰、体系不完整、与社会经济条件联系不紧密、相互矛盾、交叉重叠等一些问题。本次全国水土保持区划工作秉承继承、创新与发展的理念,准确把握继承和创新的关系,在继承中创新,充分吸纳了水土保持科学考察相关成果,分析我国各个时期进行的全国及区域水土保持区划相关工作,继承其精髓,归纳总结区划的基础理论、指标体系、技术途径与方法,研究区划各项要素及其内在联系,根据自然地理与社会经济的地域分异规律,以及我国水土保持工作的实际需求,创新性地提出了全国水土保持区划三级分区体系。区划秉承科学发展观,赋予水土保持新的时代特征,创新性地提出水土保持功能,将水土保持功能与区域社会经济发展水平相结合。区划过程中融合地理信息技术与网络技术,建设全国水土保持区划协作平台,使数据传输、管理、应用等方便快捷,实现了数据在线提取、远程协同区划、图形模拟显示、专题案例分析等多种功能,大大提高了区划的工作效率,确保了数据的准确性和区划的精度。

根据《全国水土保持区划导则(试行)》,全国水土保持区划划分采用三级分区体系,一级区为总体格局区,二级区为区域协调区,三级区为基本功能区。全国共划分为8个一级区、41个二级区、117个三级区。其中,以水力侵蚀为主的一级区6个、二级区30个、三级区91个,风力侵蚀为主的一级区1个、二级区8个、三级区21个,冻融侵蚀为主的一级区1个、二级区2个、三级区3个。全国水土保持区划成果见表1-7。

表 1-7　全国水土保持区划成果

一级区	二级区	三级区	行政范围	
			省(区、市)	县(市、区、旗)
东北黑土区(东北山地丘陵区)	大小兴安岭山地区	大兴安岭山地水源涵养生态维护区	黑龙江省	大兴安岭地区呼玛县、漠河县、塔河县
			内蒙古自治区	呼伦贝尔市鄂伦春自治旗、牙克石市、额尔古纳市、根河市
		小兴安岭山地丘陵生态维护保土区	黑龙江省	哈尔滨市通河县,鹤岗市向阳区、工农区、南山区、兴安区、东山区、兴山区、萝北县,伊春市伊春区、南岔区、友好区、西林区、翠峦区、新青区、美溪区、金山屯区、五营区、乌马河区、汤旺河区、带岭区、乌伊岭区、红星区、上甘岭区、嘉荫县、铁力市,佳木斯市汤原县,黑河市爱辉区、逊克县、孙吴县
	长白山-完达山山地丘陵区	三江平原-兴凯湖生态维护农田防护区	黑龙江省	鸡西市虎林市、密山市,鹤岗市绥滨县,双鸭山市集贤县、友谊县、宝清县、饶河县,佳木斯市桦川县、抚远县、同江市、富锦市
		长白山山地水源涵养减灾区	黑龙江省	鸡西市鸡冠区、恒山区、滴道区、梨树区、城子河区、麻山区、鸡东县,七台河市新兴区、桃山区、茄子河区、勃利县,牡丹江市东安区、阳明区、爱民区、西安区、东宁县、林口县、绥芬河市、海林市、宁安市、穆棱市
			吉林省	通化市东昌区、二道江区、通化县、集安市,白山市浑江区、江源区、抚松县、靖宇县、长白朝鲜族自治县、临江市,延边朝鲜族自治州延吉市、图们市、敦化市、珲春市、龙井市、和龙市、汪清县、安图县
			辽宁省	抚顺市新宾满族自治县、清原满族自治县,本溪市桓仁满族自治县,丹东市元宝区、振兴区、振安区、宽甸满族自治县
		长白山山地丘陵水质维护保土区	黑龙江省	哈尔滨市依兰县、方正县、延寿县、尚志市、五常市,双鸭山市尖山区、岭东区、四方台区、宝山区,佳木斯市向阳区、前进区、东风区、郊区、桦南县
			吉林省	吉林市昌邑区、龙潭区、船营区、丰满区、永吉县、蛟河市、桦甸市、舒兰市、磐石市,辽源市龙山区、西安区、东丰县、东辽县,通化市辉南县、柳河县、梅河口市
			辽宁省	鞍山市岫岩满族自治县,抚顺市新抚区、东洲区、望花区、顺城区、抚顺县,本溪市平山区、溪湖区、明山区、南芬区、本溪满族自治县,丹东市凤城市,铁岭市银州区、清河区、铁岭县、西丰县、开原市

续表 1-7

一级区	二级区	三级区	行政范围	
			省(区、市)	县(市、区、旗)
东北黑土区(东北山地丘陵区)	东北漫川漫岗区	东北漫川漫岗土壤保持区	黑龙江省	哈尔滨市道里区、南岗区、道外区、平房区、松北区、香坊区、呼兰区、阿城区、宾县、巴彦县、木兰县、双城市,齐齐哈尔市依安县、克山县、克东县、拜泉县、讷河市、富裕县,黑河市嫩江县、北安市、五大连池市,绥化市北林区、望奎县、兰西县、青冈县、庆安县、明水县、绥棱县、海伦市、安达市、肇东市,大庆市萨尔图区、龙凤区、让胡路区、红岗区、大同区、肇州县、肇源县、林甸县
			吉林省	长春市南关区、宽城区、朝阳区、二道区、绿园区、双阳区、农安县、九台市、榆树市、德惠市,四平市铁西区、铁东区、梨树县、伊通满族自治县、公主岭市,松原市宁江区、前郭尔罗斯蒙古族自治县、扶余市
			辽宁省	铁岭市调兵山市、昌图县,沈阳市康平县、法库县
	松辽平原风沙区	松辽平原防沙农田防护区	黑龙江省	齐齐哈尔市昂昂溪区、富拉尔基区、龙沙区、铁锋区、建华区、梅里斯达斡尔族区、泰来县,大庆市杜尔伯特蒙古族自治县
			吉林省	四平市双辽市,松原市长岭县、乾安县,白城市洮北区、镇赉县、通榆县、洮南市、大安市
			内蒙古自治区	通辽市科尔沁区、科尔沁左翼中旗、科尔沁左翼后旗、开鲁县
	大兴安岭东南山地丘陵区	大兴安岭东南低山丘陵土壤保持区	黑龙江省	齐齐哈尔市碾子山区、甘南县、龙江县
			内蒙古自治区	通辽市扎鲁特旗,呼伦贝尔市阿荣旗、莫力达瓦达斡尔族自治旗、扎兰屯市,通辽市霍林郭勒市,兴安盟乌兰浩特市、科尔沁右翼前旗、科尔沁右翼中旗、扎赉特旗、突泉县、阿尔山市,赤峰市林西县、巴林左旗、巴林右旗、阿鲁科尔沁旗
	呼伦贝尔丘陵平原区	呼伦贝尔丘陵平原防沙生态维护区	内蒙古自治区	呼伦贝尔市海拉尔区、扎赉诺尔区、鄂温克族自治旗、陈巴尔虎旗、新巴尔虎左旗、新巴尔虎右旗、满洲里市

续表1-7

一级区	二级区	三级区	行政范围	
			省(区、市)	县(市、区、旗)
北方风沙区（新甘蒙高原盆地区）	内蒙古中部高原丘陵区	锡林郭勒高原保土生态维护区	内蒙古自治区	锡林郭勒盟锡林浩特市、阿巴嘎旗、苏尼特左旗、东乌珠穆沁旗、西乌珠穆沁旗
		蒙冀丘陵保土蓄水区	河北省	张家口市张北县、康保县、沽源县、尚义县
			内蒙古自治区	乌兰察布市化德县、商都县、察哈尔右翼中旗、察哈尔右翼后旗，锡林郭勒盟太仆寺旗、镶黄旗、正镶白旗、正蓝旗
		阴山北麓山地高原保土蓄水区	内蒙古自治区	包头市白云鄂博矿区、达尔罕茂明安联合旗，锡林郭勒盟二连浩特市、苏尼特右旗，乌兰察布市四子王旗，巴彦淖尔市乌拉特中旗、乌拉特后旗
	河西走廊及阿拉善高原区	阿拉善高原山地防沙生态维护区	内蒙古自治区	阿拉善盟阿拉善左旗、阿拉善右旗、额济纳旗
		河西走廊农田防护防沙区	甘肃省	酒泉市肃州区、肃北蒙古族自治县(马鬃山地区)、瓜州县、玉门市、敦煌市、金塔县，张掖市甘州区、临泽县、高台县、山丹县、肃南裕固族自治县(皇城镇)，嘉峪关市，金昌市金川区、永昌县，武威市凉州区、民勤县、古浪县
	北疆山地盆地区	准噶尔盆地北部水源涵养生态维护区	新疆维吾尔自治区	塔城地区塔城市、额敏县、托里县、裕民县、和布克赛尔蒙古自治县，阿勒泰地区阿勒泰市、布尔津县、富蕴县、福海县、哈巴河县、青河县、吉木乃县，自治区直辖县级行政单位北屯市
		天山北坡人居环境维护农田防护区	新疆维吾尔自治区	乌鲁木齐市天山区、沙依巴克区、新市区、水磨沟区、头屯河区、达坂城区、米东区、乌鲁木齐县，克拉玛依市独山子区、克拉玛依区、白碱滩区、乌尔禾区，昌吉回族自治州昌吉市、阜康市、呼图壁县、玛纳斯县、吉木萨尔县、奇台县、木垒哈萨克自治县，博尔塔拉蒙古自治州博乐市、阿拉山口市、精河县、温泉县，伊犁哈萨克自治州奎屯市，塔城地区乌苏市、沙湾县，自治区直辖县级行政单位石河子市、五家渠市

续表 1-7

一级区	二级区	三级区	行政范围	
			省(区、市)	县(市、区、旗)
北方风沙区（新甘蒙高原盆地区）	北疆山地盆地区	伊犁河谷减灾蓄水区	新疆维吾尔自治区	伊犁哈萨克自治州伊宁市、伊宁县、察布查尔锡伯自治县、霍城县、巩留县、新源县、昭苏县、特克斯县、尼勒克县
		吐哈盆地生态维护防沙区	新疆维吾尔自治区	吐鲁番地区吐鲁番市、鄯善县、托克逊县,哈密地区哈密市、巴里坤哈萨克自治县、伊吾县
	南疆山地盆地区	塔里木盆地北部农田防护水源涵养区	新疆维吾尔自治区	巴音郭楞蒙古自治州库尔勒市、轮台县、尉犁县、和静县、焉耆回族自治县、和硕县、博湖县,阿克苏地区阿克苏市、温宿县、库车县、沙雅县、新和县、拜城县、乌什县、阿瓦提县、柯坪县,自治区直辖县级行政单位阿拉尔市、铁门关市
		塔里木盆地南部农田防护防沙区	新疆维吾尔自治区	巴音郭楞蒙古自治州若羌县、且末县,和田地区和田市、和田县、墨玉县、皮山县、洛浦县、策勒县、于田县、民丰县
		塔里木盆地西部农田防护减灾区	新疆维吾尔自治区	喀什地区喀什市、英吉沙县、泽普县、莎车县、叶城县、麦盖提县、塔什库尔干塔吉克自治县、疏附县、疏勒县、岳普湖县、伽师县、巴楚县,自治区直辖县级行政单位图木舒克市,克孜勒苏柯尔克孜自治州阿图什市、乌恰县、阿克陶县、阿合奇县
北方土石山区（北方山地丘陵区）	辽宁环渤海山地丘陵区	辽河平原人居环境维护农田防护区	辽宁省	沈阳市和平区、沈河区、大东区、皇姑区、铁西区、苏家屯区、东陵区、沈北新区、于洪区、辽中县、新民市,鞍山市铁东区、铁西区、立山区、千山区、台安县、海城市,营口市站前区、西市区、老边区、大石桥市,辽阳市白塔区、文圣区、宏伟区、弓长岭区、太子河区、辽阳县、灯塔市,盘锦市双台子区、兴隆台区、大洼县、盘山县
		辽宁西部丘陵保土拦沙区	辽宁省	锦州市古塔区、凌河区、太和区、黑山县、义县、凌海市、北镇市,阜新市海州区、新邱区、太平区、清河门区、细河区、阜新蒙古族自治县、彰武县,葫芦岛市连山区、龙港区、南票区、绥中县、兴城市
		辽东半岛人居环境维护减灾区	辽宁省	大连市中山区、西岗区、沙河口区、甘井子区、旅顺口区、金州区、长海县、瓦房店市、普兰店市、庄河市,丹东市东港市,营口市鲅鱼圈区、盖州市
	燕山及辽西山地丘陵区	辽西山地丘陵保土蓄水区	内蒙古自治区	赤峰市红山区、元宝山区、松山区、敖汉旗、喀喇沁旗、宁城县、克什克腾旗、翁牛特旗,通辽市库伦旗、奈曼旗,锡林郭勒盟多伦县
			辽宁省	朝阳市双塔区、龙城区、朝阳县、北票市、喀喇沁左翼蒙古族自治县、凌源市、建平县,葫芦岛市建昌县
		燕山山地丘陵水源涵养生态维护区	北京市	昌平区、延庆县、怀柔区、密云县、平谷区
			天津市	蓟县
			河北省	承德市双桥区、双滦区、鹰手营子矿区、滦平县、承德县、围场满族蒙古族自治县、隆化县、丰宁满族自治县、兴隆县、平泉县、宽城满族自治县,张家口市下花园区、桥东区、桥西区、宣化区、宣化县、怀来县、崇礼县、赤城县,唐山市遵化市、迁西县、迁安市、滦县,秦皇岛市山海关区、海港区、北戴河区、青龙满族自治县、抚宁县、卢龙县、昌黎县

续表 1-7

一级区	二级区	三级区	行政范围	
			省(区、市)	县(市、区、旗)
北方土石山区（北方山地丘陵区）	太行山山地丘陵区	太行山西北部山地丘陵防沙水源涵养区	河北省	张家口市万全县、蔚县、阳原县、怀安县、涿鹿县
			山西省	大同市城区、矿区、南郊区、新荣区、阳高县、天镇县、广灵县、灵丘县、浑源县、大同县、左云县，朔州市朔城区、平鲁区、山阴县、应县、怀仁县、右玉县，忻州市忻府区、定襄县、五台县、代县、繁峙县、原平市、宁武县
			内蒙古自治区	乌兰察布市集宁区、兴和县、丰镇市、察哈尔右翼前旗
		太行山东部山地丘陵水源涵养保土区	河南省	安阳市文峰区、北关区、殷都区、龙安区、安阳县、林州市、汤阴县，鹤壁市鹤山区、淇县，焦作市解放区、中站区、马村区、山阳区、修武县，新乡市卫辉市、辉县市
			北京市	石景山区、门头沟区、房山区
			河北省	石家庄市井陉矿区、井陉县、行唐县、灵寿县、赞皇县、平山县、元氏县、鹿泉市，保定市满城县、涞水县、阜平县、唐县、涞源县、易县、曲阳县、顺平县，邯郸市峰峰矿区、邯山区、丛台区、复兴区、邯郸县、涉县、磁县、武安市，邢台市桥东区、桥西区、邢台县、临城县、内丘县、沙河市、隆尧县
		太行山西南部山地丘陵保土水源涵养区	山西省	阳泉市城区、矿区、郊区、平定县、盂县，晋中市榆社县、左权县、和顺县、昔阳县、寿阳县，长治市城区、郊区、长治县、襄垣县、屯留县、黎城县、长子县、潞城市、武乡县、沁县、沁源县、平顺县、壶关县，晋城市陵川县
	泰沂及胶东山地丘陵区	胶东半岛丘陵蓄水保土区	山东省	青岛市市南区、市北区、黄岛区、崂山区、李沧区、城阳区、胶州市、即墨市、平度市、莱西市，烟台市芝罘区、福山区、牟平区、莱山区、长岛县、龙口市、莱阳市、莱州市、蓬莱市、招远市、栖霞市、海阳市，威海市环翠区、文登市、荣成市、乳山市
		鲁中南低山丘陵土壤保持区	江苏省	连云港市连云区、新浦区、海州区、赣榆县、东海县
			山东省	济南市历下区、历城区、槐荫区、长清区、市中区、章丘市、平阴县，淄博市临淄区、张店区、周村区、淄川区、博山区、沂源县、桓台县，枣庄市市中区、薛城区、峄城区、台儿庄区、山亭区、滕州市，潍坊市坊子区、青州市、高密市、昌乐县、安丘市、诸城市、临朐县，济宁市泗水县、曲阜市、邹城市、微山县，泰安市泰山区、岱岳区、新泰市、宁阳县、东平县、肥城市，日照市东港区、岚山区、莒县、五莲县，莱芜市莱城区、钢城区，临沂市兰山区、河东区、罗庄区、临沭县、蒙阴县、沂南县、平邑县、费县、莒南县、苍山县、郯城县、沂水县，滨州市邹平县
	华北平原区	京津冀城市群人居环境维护农田防护区	北京市	东城区、西城区、朝阳区、丰台区、海淀区、通州区、顺义区、大兴区
			天津市	和平区、河东区、河西区、南开区、河北区、红桥区、东丽区、西青区、津南区、北辰区、武清区、宝坻区、宁河县、静海县

续表 1-7

一级区	二级区	三级区	行政范围	
			省(区、市)	县(市、区、旗)
北方土石山区（北方山地丘陵区）	华北平原区	京津冀城市群人居环境维护农田防护区	河北省	廊坊市安次区、广阳区、固安县、永清县、香河县、大城县、文安县、大厂回族自治县、霸州市、三河市，保定市新市区、北市区、南市区、清苑县、定兴县、高阳县、容城县、望都县、安新县、蠡县、博野县、雄县、涿州市、定州市、安国市、高碑店市、徐水县，石家庄市长安区、桥东区、桥西区、新华区、裕华区、正定县、栾城县、高邑县、深泽县、无极县、赵县、辛集市、藁城市、晋州市、新乐市，沧州市肃宁县、任丘市、河间市，衡水市饶阳县、安平县、深州市，邢台市宁晋县、柏乡县，唐山市古冶区、开平区、路南区、路北区、丰润区、玉田县
		津冀鲁渤海湾生态维护区	河北省	唐山市曹妃甸区、丰南区、乐亭县、滦南县，沧州市黄骅市、海兴县
			天津市	滨海新区
			山东省	滨州市无棣县、沾化县，东营市东营区、河口区、垦利县、利津县、广饶县，潍坊市寒亭区、潍城区、奎文区、寿光市、昌邑市
		黄泛平原防沙农田防护区	河北省	沧州市新华区、运河区、沧县、献县、泊头市、东光县、盐山县、南皮县、吴桥县、孟村回族自治县、青县，衡水市桃城区、枣强县、武邑县、武强县、故城县、景县、阜城县、冀州市，邢台市任县、南和县、巨鹿县、新河县、广宗县、平乡县、威县、清河县、临西县、南宫市，邯郸市临漳县、成安县、大名县、肥乡县、永年县、邱县、鸡泽县、广平县、馆陶县、魏县、曲周县
			江苏省	徐州市丰县、沛县
			安徽省	宿州市砀山县、萧县
			山东省	济南市天桥区、济阳县、商河县，淄博市高青县，济宁市任城区、鱼台县、金乡县、嘉祥县、汶上县、梁山县、兖州区，德州市德城区、陵县、宁津县、庆云县、临邑县、齐河县、平原县、夏津县、武城县、乐陵市、禹城市，聊城市东昌府区、阳谷县、莘县、茌平县、东阿县、冠县、高唐县、临清市，滨州市滨城区、惠民县、阳信县、博兴县，菏泽市牡丹区、曹县、单县、成武县、巨野县、郓城县、鄄城县、定陶县、东明县

续表 1-7

一级区	二级区	三级区	行政范围	
			省(区、市)	县(市、区、旗)
北方土石山区（北方山地丘陵区）	华北平原区	黄泛平原防沙农田防护区	河南省	郑州市管城回族区、金水区、惠济区、中牟县，开封市龙亭区、顺河回族区、鼓楼区、禹王台区、金明区、杞县、通许县、尉氏县、开封县、兰考县，安阳市滑县、内黄县，鹤壁市浚县，新乡市卫滨区、红旗区、牧野区、凤泉区、获嘉县、新乡县、原阳县、延津县、封丘县、长垣县，焦作市武陟县、温县、沁阳市、博爱县，濮阳市华龙区、清丰县、南乐县、范县、台前县、濮阳县，商丘市梁园区、睢阳区、民权县、睢县、虞城县、夏邑县、宁陵县、永城市，许昌市鄢陵县、长葛市，周口市川汇区、扶沟县、西华县、淮阳县、太康县
		淮北平原岗地农田防护保土区	江苏省	徐州市鼓楼区、云龙区、贾汪区、泉山区、铜山区、睢宁县、新沂市、邳州市，连云港市灌云县、灌南县，淮安市清河区、淮阴区、清浦区、涟水县，盐城市响水县、滨海县，宿迁市宿城区、宿豫区、沭阳县、泗阳县、泗洪县
			安徽省	蚌埠市淮上区、怀远县、五河县、固镇县，淮南市潘集区、凤台县，淮北市杜集区、相山区、烈山区、濉溪县，阜阳市颍州区、颍东区、颍泉区、临泉县、太和县、阜南县、颍上县、界首市，宿州市埇桥区、灵璧县、泗县，亳州市谯城区、涡阳县、蒙城县、利辛县
			河南省	许昌市魏都区、许昌县，漯河市源汇区、郾城区、召陵区、舞阳县、临颍县，商丘市柘城县，周口市商水县、沈丘县、郸城县、鹿邑县、项城市，驻马店市平舆县、新蔡县、西平县、上蔡县、正阳县、汝南县，信阳市淮滨县、息县
	豫西南山地丘陵区	豫西黄土丘陵保土蓄水区	河南省	郑州市上街区、巩义市、荥阳市，洛阳市涧西区、西工区、老城区、瀍河回族区、洛龙区、吉利区、孟津县、新安县、偃师市、伊川县、宜阳县、栾川县、嵩县、洛宁县，省直辖县级行政单位济源市，焦作市孟州市，三门峡市湖滨区、灵宝市、陕县、卢氏县、渑池县、义马市
		伏牛山山地丘陵保土水源涵养区	河南省	郑州市二七区、中原区、新密市、新郑市、登封市，洛阳市汝阳县，平顶山市新华区、卫东区、湛河区、石龙区、宝丰县、鲁山县、叶县、郏县、舞钢市、汝州市，许昌市禹州市、襄城县，南阳市南召县、方城县，驻马店市驿城区、泌阳县、遂平县、确山县

续表 1-7

一级区	二级区	三级区	行政范围	
			省(区、市)	县(市、区、旗)
西北黄土高原区	宁蒙覆沙黄土丘陵区	阴山山地丘陵蓄水保土区	内蒙古自治区	呼和浩特市新城区、回民区、玉泉区、赛罕区、土默特左旗、托克托县、武川县,包头市东河区、昆都仑区、青山区、石拐区、九原区、土默特右旗、固阳县,巴彦淖尔市临河区、五原县、磴口县、乌拉特前旗、杭锦后旗,乌兰察布市卓资县、凉城县
		鄂乌高原丘陵保土蓄水区	内蒙古自治区	鄂尔多斯市鄂托克前旗、鄂托克旗、杭锦旗、乌审旗,乌海市海勃湾区、海南区、乌达区
		宁中北丘陵平原防沙生态维护区	宁夏回族自治区	银川市兴庆区、西夏区、金凤区、永宁县、贺兰县、灵武市,吴忠市红寺堡区、利通区、青铜峡市、盐池县,中卫市沙坡头区、中宁县,石嘴山市大武口区、惠农区、平罗县
	晋陕蒙丘陵沟壑区	呼鄂丘陵沟壑拦沙保土区	内蒙古自治区	鄂尔多斯市东胜区、达拉特旗、准格尔旗、伊金霍洛旗,呼和浩特市和林格尔县、清水河县
		晋西北黄土丘陵沟壑拦沙保土区	山西省	忻州市神池县、五寨县、偏关县、河曲县、保德县、岢岚县、静乐县,太原市娄烦县、古交市,吕梁市离石区、岚县、交城县、交口县、兴县、临县、方山县、柳林县、中阳县、石楼县,临汾市永和县
		陕北黄土丘陵沟壑拦沙保土区	陕西省	榆林市府谷县、神木县、佳县、米脂县、绥德县、吴堡县、子洲县、清涧县,延安市子长县、延川县
		陕北盖沙丘陵沟壑拦沙防沙区	陕西省	榆林市榆阳区、横山县、靖边县、定边县,延安市吴起县
		延安中部丘陵沟壑拦沙保土区	陕西省	延安市宝塔区、延长县、安塞县、志丹县

续表1-7

一级区	二级区	三级区	行政范围	
			省(区、市)	县(市、区、旗)
西北黄土高原区	汾渭及晋城丘陵阶地地区	汾河中游丘陵沟壑保土蓄水区	山西省	临汾市尧都区、安泽县、霍州市、洪洞县、古县、浮山县，晋中市榆次区、祁县、太谷县、平遥县、介休市、灵石县，太原市小店区、迎泽区、杏花岭区、尖草坪区、万柏林区、晋源区、阳曲县、清徐县，吕梁市文水县、汾阳市、孝义市
		晋南丘陵阶地保土蓄水区	山西省	晋城市城区、沁水县、阳城县、泽州县、高平市，临汾市翼城县、曲沃县、襄汾县、侯马市、运城市盐湖区、绛县、垣曲县、夏县、平陆县、河津市、芮城县、临猗县、万荣县、闻喜县、稷山县、新绛县、永济市
		秦岭北麓-渭河中低山阶地保土蓄水区	陕西省	西安市新城区、碑林区、莲湖区、灞桥区、阎良区、未央区、雁塔区、临潼区、长安区、蓝田县、周至县、户县、高陵县、咸阳市秦都区、渭城区、杨凌区、三原县、泾阳县、礼泉县、乾县、兴平市、武功县，渭南市临渭区、华县、潼关县、华阴市、大荔县、蒲城县、富平县，宝鸡市金台区、陈仓区、渭滨区、陇县、千阳县、麟游县、岐山县、凤翔县、眉县、扶风县，商洛市洛南县
	晋陕甘高塬沟壑区	晋陕甘高塬沟壑保土蓄水区	山西省	临汾市隰县、大宁县、蒲县、吉县、乡宁县、汾西县
			甘肃省	平凉市崆峒区、泾川县、灵台县、崇信县，庆阳市西峰区、正宁县、宁县、镇原县、合水县
			陕西省	铜川市王益区、印台区、耀州区、宜君县，延安市甘泉县、富县、宜川县、黄龙县、黄陵县、洛川县，咸阳市永寿县、彬县、长武县、旬邑县、淳化县，渭南市合阳县、澄城县、白水县、韩城市
	甘宁青山地丘陵沟壑区	宁南陇东丘陵沟壑蓄水保土区	宁夏回族自治区	固原市原州区、西吉县、隆德县、泾源县、彭阳县，吴忠市同心县，中卫市海原县
			甘肃省	庆阳市环县、庆城县、华池县，天水市秦州区、麦积区、清水县、甘谷县、武山县、张家川回族自治县、秦安县，定西市通渭县、陇西县，平凉市华亭县、庄浪县、静宁县
		陇中丘陵沟壑蓄水保土区	甘肃省	兰州市城关区、西固区、七里河区、红古区、安宁区、永登县、榆中县、皋兰县，白银市白银区、平川区、靖远县、景泰县、会宁县，临夏回族自治州永靖县、东乡族自治县，定西市安定区
		青东甘南丘陵沟壑蓄水保土区	甘肃省	临夏回族自治州临夏市、临夏县、康乐县、广河县、和政县、积石山保安族东乡族撒拉族自治县，定西市临洮县、渭源县、漳县
			青海省	西宁市城东区、城中区、城西区、城北区、湟中县、湟源县、大通回族土族自治县，海东市平安县、民和回族土族自治县、乐都区、互助土族自治县、化隆回族自治县、循化撒拉族自治县，黄南藏族自治州同仁县、尖扎县，海南藏族自治州贵德县，海北藏族自治州门源回族自治县

续表 1-7

一级区	二级区	三级区	行政范围	
			省(区、市)	县(市、区、旗)
南方红壤区(南方山地丘陵区)	江淮丘陵及下游平原区	江淮下游平原农田防护水质维护区	上海市	崇明县
			江苏省	淮安市淮安区、洪泽县、金湖县,扬州市广陵区、邗江区、江都区、仪征市、宝应县、高邮市,盐城市亭湖区、盐都区、东台市、大丰市、阜宁县、射阳县、建湖县,南通市崇川区、港闸区、通州区、启东市、如皋市、海门市、海安县、如东县,泰州市海陵区、高港区、姜堰区、兴化市、靖江市、泰兴市
		江淮丘陵岗地农田防护保土区	江苏省	淮安市盱眙县
			安徽省	合肥市瑶海区、庐阳区、蜀山区、包河区、庐江县、长丰县、肥东县、肥西县、巢湖市,淮南市大通区、田家庵区、谢家集区、八公山区,滁州市琅琊区、南谯区、天长市、明光市、来安县、全椒县、定远县、凤阳县,安庆市桐城市,马鞍山市含山县,六安市寿县,蚌埠市禹会区、蚌山区、龙子湖区
		浙沪平原人居环境维护水质维护区	上海市	黄浦区、徐汇区、长宁区、静安区、普陀区、闸北区、虹口区、杨浦区、闵行区、宝山区、嘉定区、浦东新区、金山区、松江区、青浦区、奉贤区
			浙江省	嘉兴市南湖区、秀洲区、海宁市、平湖市、桐乡市、嘉善县、海盐县,湖州市南浔区
		太湖丘陵平原水质维护人居环境维护区	江苏省	常州市天宁区、钟楼区、戚墅堰区、新北区、武进区、溧阳市、金坛市,苏州市姑苏区、虎丘区、吴中区、相城区、吴江区、常熟市、张家港市、昆山市、太仓市,无锡市崇安区、南长区、北塘区、锡山区、惠山区、滨湖区、江阴市、宜兴市
		沿江丘陵岗地农田防护人居环境维护区	江苏省	南京市玄武区、秦淮区、建邺区、鼓楼区、浦口区、栖霞区、雨花台区、江宁区、六合区、溧水县、高淳县,镇江市京口区、润州区、丹徒区、丹阳市、扬中市、句容市
			安徽省	芜湖市镜湖区、弋江区、鸠江区、三山区、芜湖县、无为县,马鞍山市花山区、雨山区、博望区、当涂县、和县,铜陵市铜官山区、狮子山区、郊区、铜陵县,安庆市迎江区、大观区、宜秀区、枞阳县、宿松县、望江县、怀宁县,宣城市郎溪县
	大别山-桐柏山山地丘陵区	桐柏大别山山地丘陵水源涵养保土区	安徽省	安庆市潜山县、太湖县、岳西县,六安市金安区、裕安区、舒城县、金寨县、霍山县、霍邱县
			河南省	信阳市浉河区、平桥区、罗山县、光山县、新县、商城县、固始县、潢川县,南阳市桐柏县
			湖北省	孝感市大悟县、安陆市,武汉市新洲区,随州市曾都区、广水市、随县,黄冈市黄州区、红安县、罗田县、英山县、麻城市、浠水县、蕲春县、黄梅县、武穴市、团风县

续表 1-7

一级区	二级区	三级区	行政范围	
			省(区、市)	县(市、区、旗)
南方红壤区(南方山地丘陵区)	大别山-桐柏山山地丘陵区	南阳盆地及大洪山丘陵保土农田防护区	河南省	南阳市宛城区、卧龙区、镇平县、社旗县、唐河县、邓州市、新野县
			湖北省	荆门市京山县、钟祥市,襄阳市襄州区、襄城区、樊城区、老河口市、枣阳市、宜城市
	长江中游丘陵平原区	江汉平原及周边丘陵农田防护人居环境维护区	湖北省	武汉市江岸区、江汉区、硚口区、汉阳区、武昌区、青山区、洪山区、东西湖区、汉南区、蔡甸区、江夏区、黄陂区、新洲区,黄石市黄石港区、西塞山区、下陆区、铁山区,宜昌市猇亭区、枝江市,鄂州市梁子湖区、鄂城区、华容区,荆门市掇刀区、沙洋县,孝感市孝南区、孝昌县、云梦县、应城市、汉川市,荆州市沙市区、荆州区、江陵县、监利县、洪湖市,省直辖县级行政单元仙桃市、潜江市、天门市
		洞庭湖丘陵平原农田防护水质维护区	湖北省	荆州市公安县、石首市、松滋市
			湖南省	岳阳市岳阳楼区、云溪区、君山区、岳阳县、华容县、湘阴县、汨罗市、临湘市,常德市武陵区、鼎城区、安乡县、汉寿县、澧县、临澧县、津市市,益阳市资阳区、赫山区、南县、沅江市
	江南山地丘陵区	浙皖低山丘陵生态维护水质维护区	安徽省	黄山市屯溪区、黄山区、徽州区、歙县、休宁县、黟县、祁门县,池州市贵池区、东至县、石台县、青阳县,芜湖市南陵县、繁昌县,宣城市宣州区、广德县、泾县、绩溪县、旌德县、宁国市
			浙江省	杭州市余杭区、西湖区、拱墅区、下城区、江干区、上城区、桐庐县、淳安县、建德市、富阳市、临安市,湖州市吴兴区、德清县、长兴县、安吉县,衢州市开化县
		浙赣低山丘陵人居环境维护保土区	江西省	上饶市信州区、上饶县、广丰县、玉山县、铅山县、横峰县、弋阳县、婺源县、德兴市,鹰潭市贵溪市,景德镇市昌江区、珠山区、浮梁县、乐平市
			浙江省	杭州市萧山区、滨江区,绍兴市越城区、柯桥区、上虞区、新昌县、诸暨市、嵊州市,金华市婺城区、金东区、浦江县、兰溪市、义乌市、东阳市、永康市,衢州市柯城区、衢江区、常山县、龙游县、江山市

续表 1-7

一级区	二级区	三级区	行政范围	
			省(区、市)	县(市、区、旗)
南方红壤区(南方山地丘陵区)	江南山地丘陵区	鄱阳湖丘岗平原农田防护水质维护区	江西省	南昌市东湖区、西湖区、青云谱区、湾里区、青山湖区、南昌县、新建县、安义县、进贤县,九江市庐山区、浔阳区、共青城市、九江县、永修县、德安县、星子县、都昌县、湖口县、彭泽县,鹰潭市月湖区、余江县,抚州市东乡县,上饶市余干县、鄱阳县、万年县
		幕阜山九岭山山地丘陵保土生态维护区	湖北省	咸宁市咸安区、通城县、崇阳县、通山县、嘉鱼县、赤壁市,黄石市阳新县、大冶市
			江西省	九江市武宁县、修水县、瑞昌市,宜春市奉新县、宜丰县、靖安县、铜鼓县
		赣中低山丘陵土壤保持区	江西省	萍乡市安源区、湘东区、上栗县、芦溪县,新余市渝水区、分宜县,宜春市袁州区、万载县、上高县、丰城市、樟树市、高安市,抚州市临川区、南城县、黎川县、南丰县、崇仁县、乐安县、宜黄县、金溪县、资溪县,吉安市吉州区、青原区、吉安县、吉水县、峡江县、新干县、永丰县、泰和县、安福县
		湘中低山丘陵保土人居环境维护区	湖南省	长沙市芙蓉区、天心区、岳麓区、开福区、雨花区、望城区、长沙县、宁乡县、浏阳市,株洲市荷塘区、芦淞区、石峰区、天元区、株洲县、攸县、茶陵县、醴陵市,湘潭市雨湖区、岳塘区、湘潭县、湘乡市、韶山市,衡阳市珠晖区、雁峰区、石鼓区、蒸湘区、南岳区、衡阳县、衡南县、衡山县、衡东县、祁东县、耒阳市、常宁市,岳阳市平江县,益阳市桃江县、安化县,郴州市苏仙区、永兴县、安仁县,娄底市娄星区、双峰县、新化县、冷水江市、涟源市,邵阳市双清区、大祥区、北塔区、邵东县、新邵县、邵阳县、隆回县、新宁县、武冈市,永州市冷水滩区、零陵区、祁阳县、东安县
		湘西南山地保土生态维护区	湖南省	怀化市鹤城区、中方县、沅陵县、辰溪县、溆浦县、会同县、麻阳苗族自治县、芷江侗族自治县、靖州苗族侗族自治县、通道侗族自治县、新晃侗族自治县、洪江市,邵阳市洞口县、绥宁县、城步苗族自治县,常德市桃源县,湘西土家族苗族自治州泸溪县
		赣南山地土壤保持区	江西省	赣州市章贡区、赣县、信丰县、宁都县、于都县、兴国县、会昌县、石城县、瑞金市、南康区,抚州市广昌县,吉安市万安县

续表 1-7

一级区	二级区	三级区	行政范围	
			省(区、市)	县(市、区、旗)
南方红壤区(南方山地丘陵区)	浙闽山地丘陵区	浙东低山岛屿水质维护人居环境维护区	浙江省	宁波市海曙区、江东区、江北区、北仑区、镇海区、鄞州区、慈溪市、余姚市、奉化市、象山县、宁海县、舟山市定海区、普陀区、嵊泗县、岱山县、台州市椒江区、路桥区、黄岩区、三门县、临海市、温岭市、玉环县、温州市瓯海区、龙湾区、鹿城区、乐清市、洞头县、瑞安市、平阳县、苍南县
		浙西南山地保土生态维护区	浙江省	丽水市莲都区、松阳县、云和县、龙泉市、遂昌县、景宁畲族自治县、庆元县、青田县、缙云县、金华市磐安县、武义县、温州市永嘉县、文成县、泰顺县、台州市仙居县、天台县
		闽东北山地保土水质维护区	福建省	宁德市蕉城区、寿宁县、福鼎市、福安市、柘荣县、霞浦县、福州市罗源县、连江县
		闽西北山地丘陵生态维护减灾区	福建省	福州市闽清县、永泰县,南平市延平区、武夷山市、光泽县、邵武市、顺昌县、浦城县、松溪县、政和县、建瓯市、建阳市,三明市梅列区、三元区、将乐县、泰宁县、建宁县、沙县、尤溪县、明溪县、宁德市周宁县、古田县、屏南县
		闽东南沿海丘陵平原人居环境维护水质维护区	福建省	福州市鼓楼区、台江区、仓山区、马尾区、晋安区、闽侯县、长乐市、福清市、平潭县、莆田市城厢区、涵江区、荔城区、秀屿区、泉州市鲤城区、丰泽区、洛江区、泉港区、惠安县、南安市、晋江市、石狮市、金门县、厦门市思明区、海沧区、湖里区、集美区、同安区、翔安区、漳州市芗城区、龙文区、漳浦县、云霄县、东山县、龙海市
		闽西南山地丘陵保土生态维护区	福建省	龙岩市新罗区、长汀县、武平县、永定县、漳平市、连城县、上杭县,三明市宁化县、清流县、永安市、大田县、莆田市仙游县、泉州市德化县、永春县、安溪县、漳州市长泰县、诏安县、南靖县、华安县、平和县
	南岭山地丘陵区	南岭山地水源涵养保土区	湖南省	郴州市北湖区、宜章县、桂阳县、嘉禾县、临武县、汝城县、桂东县、资兴市,株洲市炎陵县、永州市双牌县、道县、江永县、宁远县、蓝山县、新田县、江华瑶族自治县
			广东省	韶关市武江区、浈江区、曲江区、始兴县、仁化县、翁源县、乳源瑶族自治县、乐昌市、南雄市,清远市阳山县、连山壮族瑶族自治县、连南瑶族自治县、英德市、连州市
			广西壮族自治区	桂林市秀峰区、叠彩区、象山区、七星区、雁山区、阳朔县、临桂区、永福县、灵川县、龙胜各族自治县、恭城瑶族自治县、全州县、兴安县、资源县、灌阳县、荔浦县、平乐县、来宾市金秀瑶族自治县、贺州市富川瑶族自治县
			江西省	赣州市大余县、崇义县、上犹县,萍乡市莲花县,吉安市遂川县、井冈山市、永新县

续表 1-7

一级区	二级区	三级区	行政范围	
			省(区、市)	县(市、区、旗)
南方红壤区(南方山地丘陵区)	南岭山地丘陵区	岭南山地丘陵保土水源涵养区	江西省	赣州市安远县、龙南县、定南县、全南县、寻乌县
			广东省	惠州市博罗县、龙门县,梅州市梅江区、梅县区、大埔县、丰顺县、五华县、兴宁市、平远县、蕉岭县,汕尾市陆河县,揭阳市揭西县,河源市源城区、紫金县、龙川县、连平县、和平县、东源县,韶关市新丰县,清远市清城区、清新区、佛冈县,肇庆市端州区、鼎湖区、广宁县、怀集县、封开县、德庆县、四会市,广州市从化区,阳江市阳春市,茂名市信宜市、高州市,云浮市云城区、郁南县、罗定市、新兴县、云安县
			广西壮族自治区	贺州市八步区、昭平县、钟山县,梧州市万秀区、龙圩区、长洲区、苍梧县、藤县、蒙山县、岑溪市,贵港市桂平市、平南县,玉林市容县、兴业县、北流市
		桂中低山丘陵土壤保持区	广西壮族自治区	贵港市港南区、港北区、覃塘区,来宾市兴宾区、合山市、武宣县、象州县,南宁市横县、武鸣县、上林县、宾阳县,柳州市城中区、鱼峰区、柳南区、柳北区、柳江县、柳城县、鹿寨县
	华南沿海丘陵台地区	华南沿海丘陵台地人居环境维护区	广东省	汕头市龙湖区、金平区、濠江区、潮阳区、潮南区、澄海区、南澳县,潮州市湘桥区、潮安区、饶平县,揭阳市榕城区、揭东区、惠来县、普宁市,汕尾市城区、海丰县、陆丰市,惠州市惠城区、惠阳区、惠东县,广州市荔湾区、越秀区、海珠区、天河区、白云区、黄埔区、番禺区、花都区、南沙区、萝岗区、增城市,深圳市罗湖区、福田区、南山区、宝安区、龙岗区、盐田区,佛山市禅城区、南海区、顺德区、三水区、高明区,江门市蓬江区、江海区、新会区、台山市、开平市、鹤山市、恩平市,珠海市香洲区、金湾区、斗门区,阳江市江城区、阳西县、阳东县,茂名市茂南区、茂港区、电白县、化州市,湛江市赤坎区、霞山区、麻章区、坡头区、吴川市、遂溪县、徐闻县、廉江市、雷州市,肇庆市高要市,东莞市,中山市
			广西壮族自治区	南宁市青秀区、良庆区、兴宁区、江南区、西乡塘区、邕宁区,北海市海城区、银海区、铁山港区、合浦县,防城港市防城区、港口区、东兴市、上思县,钦州市钦南区、钦北区、灵山县、浦北县,玉林市玉州区、陆川县、博白县、福绵区
	海南及南海诸岛丘陵台地区	海南沿海丘陵台地人居环境维护区	海南省	海口市龙华区、美兰区、秀英区、琼山区,三亚市,省直辖县级行政单位琼海市、儋州市、文昌市、万宁市、定安县、澄迈县、临高县、陵水黎族自治县
		琼中山地水源涵养区	海南省	省直辖县级行政单位五指山市、屯昌县、白沙黎族自治县、保亭黎族苗族自治县、琼中黎族苗族自治县、昌江黎族自治县、乐东黎族自治县、东方市
		南海诸岛生态维护区	海南省	三沙市

续表 1-7

一级区	二级区	三级区	行政范围	
			省(区、市)	县(市、区、旗)
西南紫色土区（四川盆地及周围山地丘陵区）	秦巴山山地区	丹江口水库周边山地丘陵水质维护保土区	河南省	南阳市西峡县、内乡县、淅川县
			湖北省	十堰市茅箭区、张湾区、郧县、郧西县、丹江口市
			陕西省	商洛市商州区、丹凤县、商南县、山阳县
		秦岭南麓水源涵养保土区	陕西省	宝鸡市凤县、太白县，汉中市汉台区、留坝县、佛坪县、略阳县、勉县、城固县、洋县、西乡县，安康市汉滨区、宁陕县、石泉县、汉阴县、旬阳县、白河县，商洛市镇安县、柞水县
		陇南山地保土减灾区	甘肃省	陇南市武都区、成县、文县、宕昌县、康县、西和县、礼县、徽县、两当县，甘南藏族自治州舟曲县、迭部县、临潭县、卓尼县，定西市岷县
			四川省	阿坝藏族羌族自治州九寨沟县
		大巴山山地保土生态维护区	陕西省	汉中市宁强县、镇巴县、南郑县，安康市平利县、镇坪县、紫阳县、岚皋县
			四川省	广元市利州区、朝天区、青川县、旺苍县，巴中市南江县、通江县，达州市万源市
			重庆市	城口县、巫山县、巫溪县、奉节县、云阳县
			湖北省	十堰市竹山县、竹溪县、房县，襄阳市谷城县、南漳县、保康县，宜昌市夷陵区、远安县、兴山县、秭归县、当阳市，省直辖县级行政单元神农架林区，荆门市东宝区，恩施土家苗族自治州巴东县
	武陵山山地丘陵区	鄂渝山地水源涵养保土区	湖北省	宜昌市西陵区、伍家岗区、点军区、宜都市、长阳土家族自治县、五峰土家族自治县，恩施土家苗族自治州恩施市、利川市、建始县、宣恩县、来凤县、鹤峰县、咸丰县
			重庆市	黔江区、武隆县、石柱土家族自治县、酉阳土家族苗族自治县、彭水苗族土家族自治县、秀山土家族苗族自治县
		湘西北山地低山丘陵水源涵养保土区	湖南省	常德市石门县，张家界市永定区、武陵源区、慈利县、桑植县，湘西土家族苗族自治州花垣县、保靖县、永顺县、吉首市、凤凰县、古丈县、龙山县

续表 1-7

一级区	二级区	三级区	行政范围	
			省(区、市)	县(市、区、旗)
西南紫色土区(四川盆地及周围山地丘陵区)	川渝山地丘陵区	川渝平行岭谷山地保土人居环境维护区	四川省	达州市通川区、达川区、宣汉县、开江县、大竹县、渠县,广安市邻水县、华蓥市
			重庆市	万州区、涪陵区、渝中区、大渡口区、江北区、沙坪坝区、九龙坡区、南岸区、北碚区、渝北区、巴南区、长寿区、梁平县、丰都县、垫江县、忠县、开县、南川区、綦江区
		四川盆地北中部山地丘陵保土人居环境维护区	四川省	成都市青白江区、锦江区、青羊区、金牛区、武侯区、成华区、新都区、温江区、金堂县、郫县,绵阳市涪城区、游仙区、三台县、盐亭县、梓潼县,德阳市旌阳区、中江县、罗江县、广汉市,南充市顺庆区、高坪区、嘉陵区、南部县、营山县、蓬安县、仪陇县、西充县、阆中市,遂宁市船山区、安居区、蓬溪县、射洪县、大英县,广安市广安区、前锋区、岳池县、武胜县,巴中市巴州区、恩阳区、平昌县,广元市昭化区、剑阁县、苍溪县
		龙门山峨眉山山地减灾生态维护区	四川省	阿坝藏族羌族自治州汶川县、茂县,绵阳市安县、北川羌族自治县、平武县、江油市,德阳市什邡市、绵竹市,成都市大邑县、都江堰市、彭州市、邛崃市、崇州市,雅安市雨城区、名山区、荥经县、天全县、芦山县、宝兴县、汉源县、石棉县,乐山市金口河区、沐川县、峨眉山市、峨边彝族自治县、马边彝族自治县,宜宾市屏山县,眉山市洪雅县
		四川盆地南部中低丘土壤保持区	四川省	宜宾市翠屏区、南溪区、宜宾县、江安县、长宁县、高县,成都市龙泉驿区、蒲江县、双流县、新津县,眉山市东坡区、丹棱县、彭山县、青神县、仁寿县,资阳市雁江区、安岳县、乐至县、简阳市,乐山市市中区、沙湾区、五通桥区、犍为县、井研县、夹江县,泸州市江阳区、纳溪区、龙马潭区、泸县、合江县,自贡市自流井区、贡井区、大安区、沿滩区、荣县、富顺县,内江市市中区、东兴区、威远县、资中县、隆昌县
			重庆市	江津区、永川区、合川区、大足区、荣昌县、璧山县、潼南县、铜梁县

续表 1-7

一级区	二级区	三级区	行政范围	
			省(区、市)	县(市、区、旗)
西南岩溶区(云贵高原区)	滇黔桂山地丘陵区	黔中山地土壤保持区	贵州省	贵阳市南明区、云岩区、花溪区、乌当区、白云区、观山湖区、开阳县、息烽县、修文县、清镇市,遵义市红花岗区、汇川区、遵义县、绥阳县、凤冈县、湄潭县、余庆县、正安县、道真仡佬族苗族自治县、务川仡佬族苗族自治县,安顺市西秀区、平坝县、普定县、镇宁布依族苗族自治县、紫云苗族布依族自治县,黔南布依族苗族自治州都匀市、福泉市、贵定县、瓮安县、长顺县、龙里县、惠水县,铜仁市碧江区、万山区、江口县、石阡县、思南县、德江县、玉屏侗族自治县、印江土家族苗族自治县、沿河土家族自治县、松桃苗族自治县,黔东南苗族侗族自治州凯里市、黄平县、施秉县、三穗县、镇远县、岑巩县、麻江县
		滇黔川高原山地保土蓄水区	云南省	昆明市宜良县、石林彝族自治县,曲靖市麒麟区、马龙县、陆良县、师宗县、罗平县、富源县、沾益县、宣威市,玉溪市红塔区、江川县、华宁县、通海县、澄江县、峨山彝族自治县,红河哈尼族彝族自治州个旧市、开远市、蒙自市、建水县、石屏县、弥勒市、泸西县,昭通市镇雄县、彝良县、威信县
			四川省	泸州市叙永县、古蔺县,宜宾市珙县、筠连县、兴文县
			贵州省	六盘水市钟山区、六枝特区、水城县、盘县,遵义市桐梓县、习水县、赤水市、仁怀市,安顺市关岭布依族苗族自治县,黔西南布依族苗族自治州兴仁县、晴隆县、贞丰县、普安县,毕节市七星关区、威宁彝族回族苗族自治县、赫章县、大方县、黔西县、金沙县、织金县、纳雍县
		黔桂山地水源涵养区	贵州省	黔南布依族苗族自治州三都水族自治县、荔波县、独山县,黔东南苗族侗族自治州天柱县、锦屏县、剑河县、台江县、黎平县、榕江县、从江县、雷山县、丹寨县
			广西壮族自治区	柳州市融安县、融水苗族自治县、三江侗族自治县
		滇黔桂峰丛洼地蓄水保土区	广西壮族自治区	百色市右江区、德保县、靖西县、那坡县、凌云县、乐业县、田林县、西林县、隆林各族自治县、田阳县、田东县、平果县,河池市金城江区、南丹县、天峨县、凤山县、东兰县、巴马瑶族自治县、罗城仫佬族自治县、环江毛南族自治县、都安瑶族自治县、大化瑶族自治县、宜州市,南宁市隆安县、马山县,来宾市忻城县,崇左市大新县、天等县、龙州县、凭祥市、宁明县、江州区、扶绥县
			贵州省	黔西南布依族苗族自治州兴义市、望谟县、册亨县、安龙县,黔南布依族苗族自治州罗甸县、平塘县
			云南省	文山壮族苗族自治州文山市、砚山县、西畴县、麻栗坡县、马关县、广南县、富宁县、丘北县

续表 1-7

一级区	二级区	三级区	行政范围	
			省(区、市)	县(市、区、旗)
西南岩溶区（云贵高原区）	滇北及川西南高山峡谷区	川西南高山峡谷保土减灾区	四川省	攀枝花市西区、东区、仁和区、米易县、盐边县,凉山彝族自治州西昌市、盐源县、德昌县、普格县、金阳县、昭觉县、喜德县、冕宁县、越西县、甘洛县、美姑县、布拖县、雷波县、宁南县、会东县、会理县
		滇北中低山蓄水拦沙区	云南省	昆明市东川区、禄劝彝族苗族自治县,昭通市昭阳区、鲁甸县、盐津县、大关县、永善县、绥江县、水富县、巧家县,曲靖市会泽县,丽江市永胜县、华坪县、宁蒗彝族自治县,楚雄彝族自治州永仁县、元谋县、武定县
		滇西北中高山生态维护区	云南省	丽江市古城区、玉龙纳西族自治县,怒江傈僳族自治州泸水县、兰坪白族普米族自治县,大理白族自治州剑川县、漾濞彝族自治县、巍山彝族回族自治县、永平县、云龙县、洱源县、鹤庆县
		滇东高原保土人居环境维护区	云南省	昆明市五华区、盘龙区、官渡区、西山区、呈贡区、晋宁县、富民县、嵩明县、寻甸回族彝族自治县、安宁市,楚雄彝族自治州大姚县、楚雄市、牟定县、南华县、姚安县、禄丰县,大理白族自治州宾川县、大理市、祥云县、弥渡县,玉溪市易门县
	滇西南山地区	滇西中低山宽谷生态维护区	云南省	保山市腾冲县,德宏傣族景颇族自治州瑞丽市、芒市、梁河县、盈江县、陇川县
		滇西南中低山保土减灾区	云南省	临沧市临翔区、凤庆县、云县、永德县、镇康县、双江拉祜族佤族布朗族傣族自治县、耿马傣族佤族自治县、沧源佤族自治县,保山市隆阳区、施甸县、龙陵县、昌宁县,大理白族自治州南涧彝族自治县,普洱市景谷傣族彝族自治县、景东彝族自治县、镇沅彝族哈尼族拉祜族自治县、墨江哈尼族自治县、宁洱哈尼族彝族自治县、孟连傣族拉祜族佤族自治县、澜沧拉祜族自治县、西盟佤族自治县,玉溪市元江哈尼族彝族傣族自治县、新平彝族傣族自治县,楚雄彝族自治州双柏县,红河哈尼族彝族自治州元阳县、红河县、金平苗族瑶族傣族自治县、绿春县、屏边苗族自治县、河口瑶族自治县
		滇南中低山宽谷生态维护区	云南省	普洱市思茅区、江城哈尼族彝族自治县,西双版纳傣族自治州景洪市、勐海县、勐腊县

续表 1-7

一级区	二级区	三级区	行政范围	
			省(区、市)	县(市、区、旗)
青藏高原区	柴达木盆地及昆仑山北麓高原区	祁连山山地水源涵养保土区	甘肃省	武威市天祝藏族自治县,酒泉市阿克塞哈萨克族自治县,肃北蒙古族自治县,张掖市肃南裕固族自治县、民乐县
			青海省	海北藏族自治州祁连县
		青海湖高原山地生态维护保土区	青海省	海北藏族自治州海晏县、刚察县,海南藏族自治州共和县,海西蒙古族藏族自治州乌兰县、天峻县
		柴达木盆地农田防护防沙区	青海省	海西蒙古族藏族自治州格尔木市、德令哈市、都兰县
	若尔盖-江河源高原山地区	若尔盖高原生态维护水源涵养区	四川省	阿坝藏族羌族自治州阿坝、若尔盖县、红原县
			甘肃省	甘南藏族自治州合作市、玛曲县、碌曲县、夏河县
		三江黄河源山地生态维护水源涵养区	四川省	甘孜藏族自治州石渠县
			青海省	海南藏族自治州同德县、兴海县、贵南县,果洛藏族自治州玛沁县、甘德县、达日县、久治县、玛多县、班玛县,玉树藏族自治州称多县、曲麻莱县、玉树市、杂多县、治多县、囊谦县,海西蒙古族藏族自治州格尔木市(唐古拉山乡部分),黄南藏族自治州泽库县、河南蒙古族自治县
			西藏自治区	那曲地区那曲县、聂荣县、巴青县
	羌塘-藏西南高原区	羌塘藏北高原生态维护区	西藏自治区	那曲地区安多县、申扎县、班戈县、尼玛县、双湖县,拉萨市当雄县,阿里地区日土县、革吉县、改则县
		藏西南高原山地生态维护防沙区	西藏自治区	日喀则地区仲巴县,阿里地区普兰县、札达县、噶尔县、措勤县
	藏东-川西高山峡谷区	川西高原高山峡谷生态维护水源涵养区	四川省	阿坝藏族羌族自治州理县、松潘县、金川县、小金县、黑水县、马尔康县、壤塘县,甘孜藏族自治州康定县、丹巴县、九龙县、雅江县、道孚县、炉霍县、甘孜县、新龙县、德格县、白玉县、色达县、理塘县、巴塘县、乡城县、稻城县、得荣县、泸定县,凉山彝族自治州木里藏族自治县
		藏东高山峡谷生态维护水源涵养区	云南省	怒江傈僳族自治州福贡县、贡山独龙族怒族自治县,迪庆藏族自治州香格里拉县、德钦县、维西傈僳族自治县
			西藏自治区	昌都地区昌都县、江达县、贡觉县、类乌齐县、丁青县、察雅县、八宿县、左贡县、芒康县、洛隆县、边坝县,那曲地区比如县、索县、嘉黎县

续表 1-7

一级区	二级区	三级区	行政范围	
			省(区、市)	县(市、区、旗)
青藏高原区	雅鲁藏布河谷及藏南山地区	藏东南高山峡谷生态维护区	西藏自治区	山南地区隆子县、错那县,林芝地区林芝县、米林县、墨脱县、波密县、朗县、工布江达县、察隅县
		西藏高原中部高山河谷农田防护区	西藏自治区	拉萨市城关区、林周县、尼木县、曲水县、堆龙德庆县、达孜县、墨竹工卡县,山南地区乃东县、扎囊县、贡嘎县、桑日县、琼结县、曲松县、加查县,日喀则地区日喀则市、南木林县、江孜县、萨迦县、拉孜县、白朗县、仁布县、昂仁县、谢通门县、萨嘎县
		藏南高原山地生态维护区	西藏自治区	山南地区措美县、洛扎县、浪卡子县,日喀则地区定日县、康马县、定结县、亚东县、吉隆县、聂拉木县、岗巴县

　　一级区主要用于确定全国水土保持工作战略部署与水土流失防治方略,反映水土资源保护、开发和合理利用的总体格局,体现水土流失的自然条件(地势-构造和水热条件)及水土流失成因的区内相对一致性和区间最大差异性。二级区主要用于确定区域水土保持总体布局和防治途径,主要反映区域特定优势地貌特征、水土流失特点、植被区带分布特征等的区内相对一致性和区间最大差异性。三级区主要用于确定水土流失防治途径及技术体系,作为重点项目布局与规划的基础,反映区域水土流失及其防治需求的区内相对一致性和区间最大差异性。

1.2.2　全国水土保持区划一级区水土流失状况

　　东北黑土区、北方风沙区、北方土石山区、西北黄土高原区、南方红壤区、西南紫色土区、西南岩溶区、青藏高原区等全国水土保持区划一级区的水土流失现状见表 1-8 ~表 1-11。

表 1-8　全国水土保持区划一级区 2020 年水土流失面积

全国水土保持区划一级区	水土流失面积/km²	全国水土保持区划一级区	水土流失面积/km²	全国水土保持区划一级区	水土流失面积/km²
东北黑土区	216 019.97	西北黄土高原区	208 424.78	西南岩溶区	181 980.09
北方风沙区	1 340 625.47	南方红壤区	132 510.12	青藏高原区	311 858.85
北方土石山区	162 502.46	西南紫色土区	138 778.46		

表 1-9 全国水土保持区划一级区 2020 年水土流失面积占土地总面积比例

全国水土保持区划一级区	占土地总面积比例/%	全国水土保持区划一级区	占土地总面积比例/%	全国水土保持区划一级区	占土地总面积比例/%
东北黑土区	19.86	西北黄土高原区	36.25	西南岩溶区	25.71
北方风沙区	55.79	南方红壤区	10.75	青藏高原区	13.90
北方土石山区	20.15	西南紫色土区	27.23		

表 1-10 全国水土保持区划一级区 2020 年水力侵蚀面积

全国水土保持区划一级区	水力侵蚀面积/km²	全国水土保持区划一级区	水力侵蚀面积/km²	全国水土保持区划一级区	水力侵蚀面积/km²
东北黑土区	138 199.71	西北黄土高原区	158 219.94	西南岩溶区	181 980.09
北方风沙区	104 771.47	南方红壤区	132 510.12	青藏高原区	123 535.67
北方土石山区	141 992.95	西南紫色土区	138 778.46		

表 1-11 全国水土保持区划一级区 2020 年风力侵蚀面积

全国水土保持区划一级区	风力侵蚀面积/km²	全国水土保持区划一级区	风力侵蚀面积/km²	全国水土保持区划一级区	风力侵蚀面积/km²
东北黑土区	77 820.26	西北黄土高原区	50 204.84	西南岩溶区	—
北方风沙区	1 235 854.00	南方红壤区	—	青藏高原区	188 323.18
北方土石山区	20 509.51	西南紫色土区	—		

1.3 国家级水土流失重点防治区

1.3.1 防治区划分情况

国家级水土流失重点防治区是在充分利用第一次全国水利普查成果、借鉴全国主体功能区规划和已批复实施的水土保持综合及专项规划基础之上划分的,主要包括国家级水土流失重点预防区和重点治理区,是落实《中华人民共和国水土保持法》和指导我国水土保持工作的重要基础工作。通过国家级水土流失防治重点划分,开展分区防治、分类指导,可以有效预防和治理水土流失,促进经济社会可持续发展。

根据《水利部办公厅关于印发〈全国水土保持规划国家级水土流失重点预防区和重点治理区复核划分成果〉的通知》(办水保〔2013〕188 号),国家级水土流失重点预防区 23 个,涉及 460 个县级行政单位,重点预防面积 43.92 万 km²,约占陆域国土面积的 4.6%;国家级水土流失重点治理区 17 个,涉及 631 个县级行政单位,重点治理面积 49.44 万 km²,约占陆域国土面积的 5.2%。

1.3.1.1 水土流失重点预防区

全国共划分了大小兴安岭、呼伦贝尔、长白山、燕山、祁连山-黑河、子午岭-六盘山、阴山北麓、桐柏山大别山、三江源、雅鲁藏布江中下游、金沙江岷江上游及三江并流、丹江口库区及上游、嘉陵江上游、武陵山、新安江、湘资沅上游、东江上中游、海南岛中部山区、黄泛平原风沙、阿尔金山、塔里木河、天山北坡、阿勒泰山等 23 个国家级水土流失重点预防区，土地总面积 334.40 万 km^2，重点预防面积 43.92 万 km^2（见表 1-12）。

表 1-12　国家级水土流失重点预防区

序号	重点预防区名称	涉及省(区、市)	县个数	县域总面积/ km^2	重点预防面积/ km^2
1	大小兴安岭国家级水土流失重点预防区	内蒙古、黑龙江	28	256 910.0	31 481.6
2	呼伦贝尔国家级水土流失重点预防区	内蒙古	7	90 386.7	25 247.3
3	长白山国家级水土流失重点预防区	黑龙江、吉林、辽宁	21	85 435.0	25 764.2
4	燕山国家级水土流失重点预防区	北京、河北、天津、内蒙古	27	85 537.2	17 505.3
5	祁连山-黑河国家级水土流失重点预防区	甘肃、青海、内蒙古	11	197 607.9	8 055.9
6	子午岭-六盘山国家级水土流失重点预防区	陕西、甘肃、宁夏	26	42 468.0	8 298.0
7	阴山北麓国家级水土流失重点预防区	内蒙古	6	146 159.0	25 791.6
8	桐柏山大别山国家级水土流失重点预防区	安徽、河南、湖北	25	53 052.4	8 001.0
9	三江源国家级水土流失重点预防区	青海、甘肃	22	404 059.5	64 087.6
10	雅鲁藏布江中下游国家级水土流失重点预防区	西藏	18	101 308.3	10 404.7
11	金沙江岷江上游及三江并流国家级水土流失重点预防区	西藏、四川、云南	42	299 196.2	99 027.8
12	丹江口库区及上游国家级水土流失重点预防区	湖北、陕西、重庆、河南	43	115 070.6	29 363.1
13	嘉陵江上游国家级水土流失重点预防区	陕西、甘肃、四川	20	61 105.7	7 394.6
14	武陵山国家级水土流失重点预防区	重庆、湖北、湖南	19	50 724.0	5 402.2
15	新安江国家级水土流失重点预防区	安徽、浙江	10	17 181.4	4 606.3
16	湘资沅上游国家级水土流失重点预防区	广西、贵州、湖南	33	68 517.0	8 592.0

续表 1-12

序号	重点预防区名称	涉及省(区、市)	县个数	县域总面积/km²	重点预防面积/km²
17	东江上中游国家级水土流失重点预防区	广东、江西	12	29 211.4	7 679.7
18	海南岛中部山区国家级水土流失重点预防区	海南	4	7 113.0	2 760.0
19	黄泛平原风沙区国家级水土流失重点预防区	河北、河南、山东、江苏、安徽	34	38 503.1	3 281.1
20	阿尔金山国家级水土流失重点预防区	新疆	2	336 625.0	2 604.7
21	塔里木河国家级水土流失重点预防区	新疆	18	382 289.0	12 113.7
22	天山北坡国家级水土流失重点预防区	新疆	25	387 103.466	29 077.2
23	阿勒泰山国家级水土流失重点预防区	新疆	7	88 473.7	2 669.7
合计			460	3 344 037.6	439 209.3

重点预防区水土流失较轻,林草覆盖率较高,但是存在水土流失加剧的潜在危险,主要为次生林区、草原区、重要水源区、萎缩的自然绿洲区等。要坚持预防为主、保护优先的方针,建立健全管护机构,制订有力措施,强化监督管理。要实施封山禁牧、舍饲养畜、草场封育轮牧、生态修复、大面积保护等措施,坚决限制开发建设活动,有效避免人为破坏,保护植被和生态。

1.3.1.2　水土流失重点治理区

全国共划分了东北漫川漫岗、大兴安岭东麓、西辽河大凌河中上游、永定河上游、太行山、黄河多沙粗沙、甘青宁黄土丘陵、伏牛山中条山、沂蒙山泰山、西南诸河高山峡谷、金沙江下游、嘉陵江及沱江中下游、三峡库区、湘资沅中游、乌江赤水河上中游、滇黔桂岩溶石漠化、粤闽赣红壤等 17 个国家级水土流失重点治理区,土地总面积 163.65 万 km²,重点治理区面积 49.44 万 km²(见表 1-13)。

表 1-13　国家级水土流失重点治理区

序号	重点预防区名称	涉及省(区、市)	县个数	县域总面积/km²	重点预防面积/km²
1	东北漫川漫岗国家级水土流失重点治理区	黑龙江、吉林、辽宁	69	190 682.8	47 297.2
2	大兴安岭东麓国家级水土流失重点治理区	黑龙江、内蒙古	14	120 558.4	33 202.5
3	西辽河大凌河中上游国家级水土流失重点治理区	内蒙古、辽宁	28	129 357.9	47 736.3
4	永定河上游国家级水土流失重点治理区	河北、山西、内蒙古	31	50 048.6	15 873.2

续表 1-13

序号	重点预防区名称	涉及省(区、市)	县个数	县域总面积/km²	重点预防面积/km²
5	太行山国家级水土流失重点治理区	北京、河南、河北、山西	48	68 412.5	25 639.7
6	黄河多沙粗沙国家级水土流失重点治理区	宁夏、甘肃、内蒙古、山西、陕西	70	226 425.6	95 597.1
7	甘青宁黄土丘陵国家级水土流失重点治理区	宁夏、甘肃、青海	48	95 369.6	33 024.7
8	伏牛山中条山国家级水土流失重点治理区	河南、山西	26	36 478.3	11 373.5
9	沂蒙山泰山国家级水土流失重点治理区	山东	24	35 818.0	9 954.9
10	西南诸河高山峡谷国家级水土流失重点治理区	云南	28	89 842.9	20 391.0
11	金沙江下游国家级水土流失重点治理区	四川、云南	38	89 346.9	25 512.9
12	嘉陵江及沱江中下游国家级水土流失重点治理区	四川省	30	57 722.9	20 663.8
13	三峡库区国家级水土流失重点治理区	湖北、重庆	18	51 513.6	17 688.5
14	湘资沅中游国家级水土流失重点治理区	湖南	26	43 197.2	7 585.5
15	乌江赤水河上中游国家级水土流失重点治理区	云南、贵州、四川、重庆	32	81 618.5	25 485.5
16	滇黔桂岩溶石漠化国家级水土流失重点治理区	广西、贵州、云南	57	155 772.6	42 488.3
17	粤闽赣红壤国家级水土流失重点治理区	江西、福建、广东	44	114 288.6	14 864.0
合计			631	1 636 454.9	494 378.6

　　重点治理区原生的水土流失较为严重,对当地和下游造成严重的水土流失危害,主要为大江、大河、大湖的中上游地区。要调动社会各方面的积极性,依靠政策、投入、科技,开展水土流失综合治理,改善生态环境,改善当地生产条件,提高群众生产和生活水平。

1.3.2　国家级重点防治区水土流失监测结果

　　国家重点防治区水土流失面积 164.93 万 km²,占重点防治区土地总面积的 33.45%,占全国水土流失总面积的 61.25%。其中,国家级重点预防区、国家级重点治理区的水土流失面积分别为 111.29 万 km²、53.64 万 km²,分别占各监测面积的 34.05%、32.27%。按侵蚀类型,重点预防区以风力侵蚀为主,占水土流失总面积的 75.67%,主要分布在西部地区;重点治理区则以水力侵蚀为主,其占水土流失总面积的 86.93%,主要分布在中、东部地区。按侵蚀强度,重点预防区和重点治理区均以轻度、中度侵蚀为主,其中轻度侵蚀面积占比分别为58.69%、69.82%,中度侵蚀面积占比分别为18.73%、17.11%。

1.3.2.1　国家级重点预防区水土流失监测成果

国家级重点预防区共23个,涉及28个省(区、市)460个县(市、区、旗),监测面积326.84万km²。其中,水土流失面积1 112 880.46 km²,占监测面积的34.05%。按侵蚀类型分,水力侵蚀面积270 783.64 km²,占水土流失面积的24.33%;风力侵蚀面积842 096.82 km²,占水土流失面积的75.67%。水土流失面积中侵蚀强度以轻度、中度侵蚀面积为主,分别占水土流失面积的58.69%、18.73%。国家级重点预防区2020年水土流失监测成果见表1-14~表1-17。

表1-14　国家级重点预防区2020年水土流失面积

重点预防区	水土流失面积/km²	重点预防区	水土流失面积/km²	重点预防区	水土流失面积/km²
塔里木河	205 996.28	燕山	32 642.75	桐柏山大别山	10 968.66
天山北坡	193 801.55	丹江口库区及上游	22 659.54	湘资沅上游	10 682.51
阿尔金山	160 894.84	呼伦贝尔	18 686.97	长白山	8 650.70
阴山北麓	121 105.59	嘉陵江上游	17 748.75	东江上中游	3 721.62
祁连山-黑河	97 628.99	雅鲁藏布江中下游	13 001.43	黄泛平原风沙	2 483.17
三江源	63 608.54	武陵山	12 980.49	新安江	2 380.06
阿勒泰山	50 973.87	子午岭-六盘山	12 764.27	海南岛中部山	425.77
金沙江岷江上游及三江并流	37 631.82	大小兴安岭	11 442.29		

表1-15　国家级重点预防区2020年水土流失面积占土地总面积比例

重点预防区	占土地总面积比例/%	重点预防区	占土地总面积比例/%	重点预防区	占土地总面积比例/%
阴山北麓	82.87	嘉陵江上游	28.87	雅鲁藏布江中下游	13.15
天山北坡	61.51	武陵山	25.58	东江上中游	12.81
阿勒泰山	59.59	呼伦贝尔	19.90	金沙江岷江上游及三江并流	12.56
塔里木河	55.74	桐柏山大别山	19.63	长白山	10.05
祁连山-黑河	48.32	丹江口库区及上游	19.61	黄泛平原风沙	6.43
阿尔金山	47.62	三江源	15.89	海南岛中部山区	5.99
燕山	38.46	湘资沅上游	15.66	大小兴安岭	4.38
子午岭-六盘山	29.92	新安江	13.41		

表 1-16　国家级重点预防区 2020 年水力侵蚀面积

重点预防区	水力侵蚀面积/km²	重点预防区	水力侵蚀面积/km²	重点预防区	水力侵蚀面积/km²
金沙江岷江上游及三江并流	34 087.11	子午岭-六盘山	12 764.27	阿勒泰山	3 881.00
塔里木河	24 637.32	祁连山-黑河	12 307.95	东江上中游	3 721.62
丹江口库区及上游	22 659.54	雅鲁藏布江中下游	11 909.73	新安江	2 380.06
燕山	20 738.77	大小兴安岭	11 442.29	呼伦贝尔	2 205.01
三江源	19 868.69	桐柏山大别山	10 968.66	海南岛中部山区	425.77
天山北坡	18 507.89	湘资沅上游	10 682.51	阿尔金山	416.74
嘉陵江上游	17 748.75	长白山	8 650.70	黄泛平原风沙	253.78
武陵山	12 980.49	阴山北麓	7 544.99		

表 1-17　国家级重点预防区 2020 年风力侵蚀面积

重点预防区	风力侵蚀面积/km²	重点预防区	风力侵蚀面积/km²	重点预防区	风力侵蚀面积/km²
塔里木河	181 358.96	燕山	11 903.98	湘资沅上游	—
天山北坡	175 293.66	金沙江岷江上游及三江并流	3 544.71	子午岭-六盘山	—
阿尔金山	160 478.10	黄泛平原风沙	2 229.39	海南岛中部山区	—
阴山北麓	113 560.60	雅鲁藏布江中下游	1 091.70	东江上中游	—
祁连山-黑河	85 321.04	桐柏山大别山	—	大小兴安岭	—
阿勒泰山	47 092.87	丹江口库区及上游	—	长白山	—
三江源	43 739.85	嘉陵江上游	—	新安江	—
呼伦贝尔	16 481.96	武陵山	—		

国家级重点预防区极强烈侵蚀面积和剧烈侵蚀面积分别为 68 869.37 km² 和 96 686.20 km²。极强烈侵蚀主要发生在其他土地上,极强烈侵蚀面积 54 233.76 km²;剧烈侵蚀主要发生在其他土地上,剧烈侵蚀面积为 77 823.77 km²。

从不同土地利用类型水土流失面积来看,水土流失主要发生在其他土地、草地、林地和耕地等地类上,水土流失面积 469 221.43 km²、433 051.70 km²、114 493.51 km²、85 346.33 km²。耕地中梯田水土流失面积 4 073.29 km²、其他耕地水土流失面积 81 273.04 km²。水土流失主要发生在小于或等于 2°耕地和 6°~15°的坡耕地上,水土流失面积分别为 40 911.53 km²、12 953.87 km²。6°以上耕地水土流失面积 28 369.21 km²,占不同坡度等级耕地水土流失面积的 34.91%。

2020 年,国家级重点预防区现有人为水土流失地块 165 691 个,面积 5 342.95 km^2,占土地总面积的 0.16%。人为水土流失地块水土流失面积 3 972.38 km^2,占人为水土流失地块面积的 74.35%。按侵蚀强度分,轻度、中度、强烈侵蚀、极强烈和剧烈侵蚀面积分别为 1 530.15 km^2、1 294.02 km^2、699.39 km^2、424.01 km^2、24.81 km^2。

1.3.2.2　国家级重点治理区水土流失监测成果

国家级重点治理区共 17 个,涉及 23 个省(区、市)的 630 个县(市、区、旗),监测面积 166.25 万 km^2。其中,水土流失面积 536 420.47 km^2,占监测面积的 32.27%。按侵蚀类型分,水力侵蚀面积 466 330.58 km^2,占水土流失总面积的 86.93%;风力侵蚀面积 70 089.89 km^2,占水土流失总面积的 13.07%。水土流失面积中以轻度、中度侵蚀为主,分别占水土流失总面积的 69.82%、17.11%。国家级重点治理区 2020 年水土流失监测成果见表 1-18~表 1-21。

表 1-18　国家级重点治理区 2020 年水土流失面积

重点治理区	水土流失面积/km^2	重点治理区	水土流失面积/km^2	重点治理区	水土流失面积/km^2
黄河多沙粗沙	107 981.75	金沙江下游	29 440.67	永定河上游	16 137.80
东北漫川漫岗	51 753.56	乌江赤水河上中游	26 475.08	粤闽赣红壤	14 869.06
西辽河大凌河中上游	49 135.28	太行山	26 420.83	伏牛山中条山	12 398.51
滇黔桂岩溶石漠化	45 418.64	嘉陵江及沱江中下游	23 310.71	沂蒙山泰山	10 778.30
大兴安岭东麓	39 614.28	西南诸河高山峡谷	23 246.32	湘资沅中游	8 514.62
甘青宁黄土丘陵	33 213.00	三峡库区	17 712.06		

表 1-19　国家级重点治理区 2020 年水土流失面积占土地总面积比例

重点治理区	占土地总面积比例/%	重点治理区	占土地总面积比例/%	重点治理区	占土地总面积比例/%
黄河多沙粗沙	43.34	乌江赤水河上中游	33.00	滇黔桂岩溶石漠化	28.83
嘉陵江及沱江中下游	40.76	永定河上游	32.50	东北漫川漫岗	27.39
太行山	38.10	金沙江下游	32.37	西南诸河高山峡谷	25.01
西辽河大凌河中上游	37.65	甘青宁黄土丘陵	32.05	湘资沅中游	19.70
三峡库区	34.36	大兴安岭东麓	31.19	粤闽赣红壤	15.04
伏牛山中条山	33.68	沂蒙山泰山	30.78		

表 1-20　国家级重点治理区 2020 年水力侵蚀面积

重点治理区	水力侵蚀面积/km²	重点治理区	水力侵蚀面积/km²	重点治理区	水力侵蚀面积/km²
黄河多沙粗沙	75 441.99	乌江赤水河上中游	26 475.08	粤闽赣红壤	14 869.06
东北漫川漫岗	51 709.63	太行山	26 420.83	永定河上游	13 915.43
滇黔桂岩溶石漠化	45 418.64	大兴安岭东麓	25 534.57	伏牛山中条山	12 398.51
甘青宁黄土丘陵	33 180.83	嘉陵江及沱江中下游	23 310.71	沂蒙山泰山	10 778.30
金沙江下游	29 440.67	西南诸河高山峡谷	23 246.32	湘资沅中游	8 514.62
西辽河大凌河中上游	27 963.33	三峡库区	17 712.06		

表 1-21　国家级重点治理区 2020 年风力侵蚀面积

重点治理区	风力侵蚀面积/km²	重点治理区	风力侵蚀面积/km²	重点治理区	风力侵蚀面积/km²
黄河多沙粗沙	32 539.76	三峡库区	—	粤闽赣红壤	—
西辽河大凌河中上游	21 171.95	西南诸河高山峡谷	—	沂蒙山泰山	—
大兴安岭东麓	14 079.71	金沙江下游	—	伏牛山中条山	—
永定河上游	2 222.37	嘉陵江及沱江中下游	—	太行山	—
东北漫川漫岗	43.93	湘资沅中游	—	滇黔桂岩溶石漠化	—
甘青宁黄土丘陵	32.17	乌江赤水河上中游	—		

国家级重点治理区极强烈侵蚀面积和剧烈侵蚀面积分别为 23 390.61 km² 和 8 641.31 km²。极强烈侵蚀和剧烈侵蚀主要发生在耕地上,面积分别为 16 500.53 km²、6 186.75 km²,占比分别为 70.54%、71.61%。

从不同土地利用类型水土流失面积来看,国家级重点治理区水土流失主要发生在耕地、林地、草地和建设用地等地类上,水土流失面积分别为 221 875.99 km²、183 171.12 km²、96 204.80 km²、13 147.77 km²。耕地中梯田水土流失面积 22 788.98 km²,其他耕地水土流失面积 199 087.01 km²。水土流失主要发生在 2°~6° 缓坡耕地和 6°~15° 坡耕地上,水土流失面积为 56 206.10 km²、52 889.86 km²。6° 以上耕地水土流失面积 98 947.65 km²,占不同坡度等级耕地水土流失面积的 49.70%。

2020 年,国家级重点治理区现有人为水土流失地块 459 481 个,面积 11 817.61 km²,占土地总面积的 0.71%。人为水土流失地块水土流失面积 8 816.55 km²,占人为水土流失地块面积的 74.61%。按侵蚀强度分,轻度、中度、强烈侵蚀、极强烈和剧烈侵蚀面积分别为 2 385.66 km², 3 718.46 km², 2 047.70 km², 603.01 km², 61.72 km²。

参考文献

[1] 全国水土保持规划编制工作领导小组办公室, 水利部水利水电规划设计总院. 中国水土保持区划 [M]. 北京: 中国水利水电出版社, 2016.

[2] 王治国, 张超, 纪强, 等. 全国水土保持区划及其应用[J]. 中国水土保持科学, 2016, 14(6): 101-106.

[3] 胡春宏. 黄河水沙变化与治理方略研究[J]. 水力发电学报, 2016, 35(10): 1-11.

[4] 赵岩, 王治国, 孙保平, 等. 中国水土保持区划方案研究(英文)[J]. Journal of Geographical Sciences, 2013, 23(4): 721-734.

[5] 赵岩, 王治国, 孙保平, 等. 中国水土保持区划方案初步研究[J]. 地理学报, 2013, 68(3): 307-317.

[6] 孙保平, 王治国, 赵岩, 等. 中国水土保持区划目的、任务与特点[C]//中国水土保持学会水土保持规划设计专业委员会 2011 年年会论文集, 2011.

[7] 王治国, 王春红. 对我国水土保持区划与规划中若干问题的认识[J]. 中国水土保持科学, 2007(1): 105-109.

[8] 水利部公布国家级水土流失重点防治区[J]. 四川水利, 2006(3): 1.

[9] 张金慧. 国家级水土流失重点防治区公布[N]. 中国水利报, 2006-05-12(001).

[10] 乔殿新, 苏新宇. 新阶段全国水土流失动态监测工作探析[J]. 中国水土保持, 2022(4): 1-4.

[11] 2020 年全国水土流失动态监测成果显示我国生态环境状况持续向好[J]. 河南科技, 2021, 40(17): 2.

[12] 林祚顶, 李智广. 2018 年度全国水土流失动态监测成果及其启示[J]. 中国水土保持, 2019(12): 1-4.

[13] 王丹阳, 李忠武, 陈佳, 等. 中国水土保持区划——回顾、思考与展望[J]. 水土保持学报, 2018, 32(5): 8-17.

[14] 屈创, 张春亮, 王丽云, 等. 高分遥感在黄河流域水土流失动态监测中的应用[J]. 水土保持通报, 2018, 38(1): 116-121.

[15] 赵辉, 黎家作, 李晶晶. 中国水土流失动态监测与评价的现状与对策[J]. 水土保持通报, 2016, 36(1): 115-119.

[16] 崔鹏, 张小林, 王玉宽, 等. 中国水土流失防治与生态安全——长江上游及西南诸河区卷[M]. 北京: 科学出版社, 2010.

[17] 李文萍, 雷孝章, 刘兴年, 等. 四川盆地紫色土丘陵区水土流失及防治对策[J]. 中国地质灾害与防治学报, 2004, 15(3): 137-139.

[18] 邓良基, 凌静, 张世熔. 四川旱耕地生产、生态问题及水土流失综合治理研究[J]. 水土保持学报, 2002, 16(2): 8-11.

[19] 段巧甫. 从四川盆中水土保持看我国紫色土水土流失的综合治理[J]. 中国水土保持, 1989, 1: 7-10.

[20] 莫斌, 朱波, 高美荣, 等. 紫色泥页岩的侵蚀产沙特点及影响因素分析[J]. 水土保持研究, 2005, 12(1): 129-131.

[21] 张建华, 赵燮京, 林超文, 等. 川中丘陵坡耕地水土保持与农业生产的发展[J]. 水土保持学报, 2001, 15(1): 81-84.

[22] 陈治谏, 刘邵权, 杨定国, 等. 长江水土流失与防治对策研究[J]. 水土保持学报, 2000, 14(4): 1-11.

[23] 孙凡, 游翔, 刘伯云, 等. 四川省水土流失空间分布特征[J]. 西南大学学报(自然科学版), 2008, 30

（12）:40-44.

[24] 中华人民共和国水利部. 2020 年中国水土保持公报[EB/OL]. (2021-09-30)[2022-04-15]. http://
　　 www. mwr. gov. cn/sj/tjgb/zgstbcgb/202109/t20210930_1545971. html.

第 2 章　我国水土保持监测网络建设及成效

2.1　水土保持监测网络概念

水土保持监测网络,不是传统意义互联网中的"网络"概念,而是由水土保持监测机构、监测点按照各自职责分工,开展水土保持监测和管理组成的工作网络。关于"全国水土保持监测网络"这个概念,可以从法律法规、技术标准、相关规划和水土保持监测评价工作开展等不同的角度来理解。

2.1.1　法律法规的规定

2.1.1.1　中华人民共和国水土保持法

最早的《中华人民共和国水土保持法》是 1991 年 6 月 29 日经第七届全国人民代表大会常务委员会第二十次会议审议通过的。这部法律的颁布实施,标志我国水土保持事业逐步走上依法防治的轨道,对预防和治理水土流失、保护和合理利用水土资源、改善农业生产条件和生态环境、促进我国经济社会可持续发展发挥了重要作用。基于当时的工作背景,其中第二十九条关于监测网络是这样规定的:"国务院水行政主管部门建立水土保持监测网络,对全国水土流失动态进行监测预报,并予以公告。"

随着经济社会的迅速发展和人们对生态环境要求的不断提高,原《中华人民共和国水土保持法》已经不能适应新形势、新任务的要求,因此有必要在全面总结原法实施以来的经验并借鉴国内外水土保持立法经验的基础上,对其进行修订,以更好地贯彻水土保持基本国策,落实科学发展观和实践可持续发展治水思路。2005 年 6 月,水利部正式启动了《中华人民共和国水土保持法》的修订工作。2010 年 7 月 21 日,温家宝总理主持召开了国务院常务会议,会议讨论并原则通过了《中华人民共和国水土保持法(修订草案)》,提请全国人大常委会审议。2010 年 12 月 25 日,第十一届全国人大常委会第十八次会议审议通过了修订后的《中华人民共和国水土保持法》,并定于 2011 年 3 月 1 日起实施。这是我国水土保持事业发展史上的一件大事,是水土保持法制建设的又一个里程碑。

新修订的《中华人民共和国水土保持法》(2010)第四十条,结合新时代科学技术发展和水土保持事业发展趋势,对于水土保持监测网络规定:"国务院水行政主管部门应当完善全国水土保持监测网络,对全国水土流失进行动态监测。"《中华人民共和国水土保持法释义》在对该条的释义中,对水土保持监测网络进行了明确:

全国水土保持监测网络由两部分组成,一是各级政府批准成立的水土保持监测机构,即水利部水土保持监测中心、长江黄河等大江大河流域监测中心站、省级监测总站、重点防治地区监测分站和监测站;二是根据监测任务需要,经科学论证,在全国各地设立的水土保持监测站点,包括为国家提供基础数据的监测点、水土流失抽样调查点、水土保持重点工程监测点等。目前,国家已实施了全国水土保持监测网络与信息系统一期、二期工程建设,在国家、流域、省、市层面建立了监测机构,在全国建设了 75 个综合监测站、738 个监测点。这些站点是我国长期开展水土保持监测的基本站点。今后,还将依据水土保持监测规划和国家信息化规划,逐步健全水土保持监测网络,完善监测信息系统,提高自动化和信息化水平,开展监测机构和监测点标准化建设,提升监测能力。

2.1.1.2　中华人民共和国水土保持法实施条例(2011)

为了更好地贯彻落实《中华人民共和国水土保持法》,1993 年 8 月 1 日中华人民共和国国务院令第 120 号发布《中华人民共和国水土保持法实施条例》,根据 2011 年 1 月 8 日《国务院关于废止和修改部分行政法规的决定》修订,第二十二条对水土保持监测网络进行了进一步的细化说明:"《水土保护法》第二十九条所称水土保持监测网络,是指全国水土保持监测中心,大江大河流域水土保持中心站,省、自治区、直辖市水土保持监测站以及省、自治区、直辖市重点防治区水土保持监测分站。水土保持监测网络的具体管理办法,由国务院水行政主管部门制定。"

各省(区、市)实施《中华人民共和国水土保持法》办法也对水土保持监测网络进行了相应的规定。

2.1.1.3　水土保持生态环境监测网络管理办法

为加强水土保持监测网络的建设和管理,规范水土保持监测工作,水利部根据《中华人民共和国水土保持法》和《中华人民共和国水土保持法实施条例》,制定了《水土保持生态环境监测网络管理办法》(2000 年 1 月 31 日水利部令第 12 号发布,根据 2014 年 8 月 19 日《水利部关于废止和修改部分规章的决定》修改)。其中的第九条对水土保持监测网络的构成进行了规定:"全国水土保持生态环境监测站网由以下四级监测机构组成:一级为水利部水土保持生态环境监测中心,二级为大江大河(长江、黄河、海河、珠江、松花江及辽河、太湖等)流域水土保持生态环境监测中心站,三级为省级水土保持生态环境监测总站,四级为省级重点防治区监测分站。省组重点防护区监测分站,根据全国及省水土保持生态环境监测规划,设立相应监测点。具体布设应结合目前水土保持科研所(站、点)及水文站点的布设情况建设,避免重复,部分监测项目可委托相关站进行监测。国家负责一、二级监测机构的建设和管理,省(自治区、直辖市)负责三、四级及监测点的建设和管理。按水土保持生态环境监测规划建设的监测站点不得随意变更,确需调整的须经规划批准机关的审查同意。"第十条规定:"有水土流失防治任务的开发建设项目,建设和管理单位应设立专项监测点对水土流失状况进行监测,并定期向项目所在地县级监测管理机构报告监测成果。"

2.1.2　技术标准的规定

在《水土保持监测技术规程》(SL 277—2002)中,对水土保持监测网络及其构成做出相应的规定,主要内容包括:

2.1.1 条规定:"水土保持监测网络是指全国水土保持监测中心,大江大河流域水土保持监测中心站,省(自治区、直辖市)水土保持监测总站,省(自治区、直辖市)重点防治区水土保持监测分站及水土保持监测点。"

2.1.4 条规定:"监测分站应根据水土流失类型区及其重点防治区和水土保持工作的需要进行设置,跨省(自治区、直辖市)的同一类型区的监测分站应统一规划,合理布设。"

2.1.5 条规定:"应根据全国与省(自治区、直辖市)水土保持监测网络规划和监测工作需要,结合省(自治区、直辖市)重点防治区分布情况,布设相关监测点。"

2.1.3　水土保持监测规划设计

为了推进水土保持监测工作,厘清工作思路,明确监测内容和任务,2010 年,水利部下达了编制全国水土保持监测规划的任务。全国水土保持监测规划(2011~2030 年)对水土保持监测站网设计进行了相关阐述:

水土保持监测站网是水土保持监测工作的基础,涉及水土保持监测的战略发展全局和长远利益。监测点是监测站网的数据采集终端,承担着第一手资料的采集、整汇编等任务。监测点布设科学合理性直接关系到水土流失规律及趋势的分析和预测。水土保持监测站网建设要在整体性、系统性和实用性的前期下,按照规范化、现代化的要求,充分依托现有站点,建成布局合理、功能完备的监测站网,为实现信息采集、传输、存储、处理、服务为一体的水土保持监测工作奠定坚实基础。

水土保持监测站网由水土保持基本监测点和野外调查单元组成,承担着长期性的地面观测任务,是全国水土保持监测网络的主要数据来源。水土保持基本监测点按照重要性分为重要监测点和一般监测点;按照观测对象分为水力侵蚀、风力侵蚀、冻融侵蚀和混合侵蚀监测点;水力侵蚀监测点按照监测设施分为坡面径流场、小流域控制站和宜利用水文站。野外调查单元是在开展水土保持调查时,采用分层抽样与系统抽样相结合的方法确定闭合小流域或集水区,面积一般为 0.2~3.0 km^2。

2.1.4　从水土保持监测评价工作角度理解

依据上述法律法规的规定,各流域管理机构、各省(自治区、直辖市)水行政主管部门先后成立了水土保持监测机构,依法开展水土流失动态监测与评价工作,并定期公告水土保持监测情况。由此可知,全国水土保持监测网络是一个由各级水土保持监测机构和常规监测点、临时监测点构成的层次式网络结构,既是一个开展、组织和管理水土保持监测工作的体系网络,又是一个水土保持监测数据采集、传递、整编、交流和发布的数据交换网络;既是一个具有自己特殊的任务、作用及其与之相适应的完整结构的网络,又是一个可以从公用数据网络以及相关生态环境监测站点获取信息,并向它们提供信息的开放网络。

2.2　全国水土保持监测网络的职责与功能

如同水土保持监测网络站网的构成,对于全国水土保持监测网络站网的职责与功能,相关的法律法规和技术规范也提出了明确、清晰的规定和要求。

2.2.1　法律法规的规定

2.2.1.1　中华人民共和国水土保持法

《中华人民共和国水土保持法》(1991)第二十九条规定:"国务院水行政主管部门建立水土保持监测网络,对全国水土流失动态进行监测预报,并予以公告。"

《中华人民共和国水土保持法》(2010)第四十二条规定:"国务院水行政主管部门和省、自治区、直辖市人民政府水行政主管部门应当根据水土保持监测情况,定期对下列事项进行公告:(一)水土流失类型、面积、强度、分布状况和变化趋势;(二)水土流失造成的危害;(三)水土流失预防和治理情况。"《中华人民共和国水土保持法释义》对该条进行了释义:"一、发布水土保持监测公告是水利部和省(区、市)水行政主管部门的法定职责。(1)发布公告对制定水土流失防治与生态建设政策、编制水土保持规划、评价与检查水土保持及生态建设重大工程成效、实行政府水土保持目标责任制、保证社会公众充分享有知情权、参与权、监督权,都具有重要作用。(2)依法开展区域和流域水土保持监测、生产建设项目水土流失监测、定期组织全国水土流失调查,是公告的基础和数据来源。(3)水利部和省(区、市)水行政主管部门应建立水土保持监测公告制度,建立和完善水土保持监测信息发布和共享机制。市级、县级水行政主管部门也可根据需要,开展水土保持监测工作。自2005年以来,水利部每年都发布水土保持公报,一些省级水行政主管部门也陆续发布了水土保持公报。二、水土保持监测公告应定期发布。对全国、七大流域、较大区域的水土保持监测公告可每5年、10年发布一次,以满足国家5年发展规划、10年中期规划的需要;对水土流失重点预防区和重点治理区可发布年度水土保持监测公告;对特定区域、特定对象的监测,可适时发布。三、水土保持监测公告应包括三部分基本内容。(1)水土流失情况,主要包括水力侵蚀、风力侵蚀、重力侵蚀、冻融侵蚀等各类侵蚀的面积、分布情况,各级侵蚀强度(微度、轻度、中度、强烈、极强烈、剧烈侵蚀)的面积、分布情况,并分析变化情况及趋势。(2)水土流失造成的危害,如进入江河、湖泊、水库的泥沙量,发生崩塌、滑坡、泥石流的情况,严重水土流失灾害事件及造成生命财产损失情况等。(3)水土流失预防和治理的情况,如重点预防和治理工程建设情况、保存情况、成效,重大政策、重要活动等。上述内容中应包括生产建设项目的水土流失预防、治理及监测数据和成果。"

2.2.1.2　中华人民共和国水土保持法实施条例

《中华人民共和国水土保持法实施条例》(2011)第二十三条规定:"国务院水行政主管部门和省、自治区、直辖市人民政府水行政主管部门应当定期分别公告水土保持监测情况。公告应当包括下列事项:(一)水土流失的面积、分布状况和流失程度;(二)水土流失造成的危害及其发展趋势;(三)水土流失防治情况及其效益。"第二十四条规定:"有水土流失防治任务的企业事业单位,应当定期向县级以上地方人民政府水行政主管部门通报本单位水土流失防治工作的情况。"各省(区、市)实施《中华人民共和国水土保持法》也对水土保持监测网络的功能进行了相应的规定。

2.2.1.3　水土保持生态环境监测网络管理办法

《水土保持生态环境监测网络管理办法》对水土保持监测网络的组成机构和监测点

的职责进行了规定,其中第三条规定:"水土保持生态环境监测工作的任务是通过建立全国水土保持生态环境监测站网,对全国水土流失和水土保持状况实施监测,为国家制定水土保持生态环境政策和宏观决策提供科学依据,为实现国民经济和社会的可持续发展服务。"

第十四条规定:"省级以上水土保持生态环境监测机构的主要职责是:编制水土保持生态环境监测规划和实施计划,建立水土保持生态环境监测信息网,承担并完成水土保持生态环境监测任务,负责对监测工作的技术指导、技术培训和质量保证,开展监测技术、监测方法的研究及国内外科技合作和交流,负责汇总和管理监测数据,对下级监测成果进行鉴定和质量认证,及时掌握和预报水土流失动态,编制水土保持生态环境监测报告。除本款规定的职责外,各级监测机构还有以下职责:

水利部水土保持生态环境监测中心对全国水土保持生态环境监测工作实施具体管理。负责拟定水土保持生态环境监测技术规范、标准,组织对全国性、重点区域、重大开发建设项目的水土保持监测,负责对监测仪器、设备的质量和技术认证,承担对申报水土保持生态环境监测资质单位的考核、验证工作。

大江大河流域水土保持生态环境监测中心站参与国家水土保持生态环境监测、管理和协调工作,负责组织和开展跨省际区域、对生态环境有较大影响的开发建设项目的监测工作。

省级水土保持生态环境监测总站负责对重点防治区监测分站的管理,承担国家及省级开发建设项目水土保持设施的验收监测工作。"

第十五条规定:"省组重点防治区监测分站的主要职责:按国家、流域及省级水土保持生态环境监测规划和计划,对列入国家省级水土流失重点预防保护区、重点治理区、重点监督区的水土保持动态变化进行监测,汇总和管理监测数据,编制监测报告。监测点的主要职责:按有关技术规程对监测区域进行长期定位观测,整编监测数据,编报监测报告。"

第十六条规定:"开发建设项目的专项监测点,依据批准的水土保持方案,对建设和生产过程中的水土流失进行监测,接受水土保持生态环境监测管理机构的业务指导和管理。"

第十八条规定:"水土保持生态环境监测数据实行年报制度,上报时间为次年元月底前。下级监测机构向上级监测机构报告本年度监测数据及其整编结果。开发建设项目的监测数据和成果,向当地水土保持生态环境监测管理机构报告。"

2.2.2　技术标准的规定

在《水土保持监测技术规程》(SL 277—2002)中,对水土保持监测站网的职责和任务做出相应的规定,主要内容包括:

2.1.2 条规定:"省级和省级以上水土保持监测机构的主要职责是:编制水土保持监测规划和实施计划,建立水土保持监测信息网,承担并完成水土保持监测任务,负责对监测工作的技术指导、技术培训和质量保证,负责对监测工作的技术指导、技术培训和质量保证,及时掌握和预报水土流失及其防治动态,编制水土保持监测报告。

各级监测机构职责分工应符合下列规定:

1　全国水土保持监测中心对全国水土保持监测工作实施具体管理。负责拟定监测技术标准和规范,组织对全国性、重点地区、重大开发建设项目的水土保持监测,负责对监测仪器、设备和质量和技术认证,承担对申报水土保持监测资质单位的考核、验证工作。

　　2　大江大河流域水土保持监测中心站参与国家水土保持监测、管理和协调工作,负责组织和开展流域内大型工程项目和对生态环境有较大影响的开发建设项目的水土保持监测工作。

　　3　省级水土保持监测总站负责对所辖区内监测分站、监测点的管理,承担国家、省级开发建设项目水土流失及其防治的监测工作。"

　　2.1.3 条规定:"省(自治区、直辖市)重点防治区监测分站的任务是:按国家、流域和省级水土保持监测规划和计划,对列入国家和省级水土流失重点防治区的水土保持动态变化进行监测,汇总和管理监测数据,编制监测报告。"

　　2.1.5 条规定:"应根据全国与省(自治区、直辖市)水土保持监测网络规划和监测工作需要,结合省(自治区、直辖市)重点防治区分布情况,布设相关监测点。水土保持监测点定期收集、整(汇)编和提供水土流失及其防治动态的监测资料。按照监测目的和作用,监测点分为常规监测和临时监测点。

　　1　常规监测点是长期、定点定位的监测点,主要进行水土流失及其影响因子、水土保持措施数量、质量及其效果等监测。在全国土壤侵蚀区划的二级类型区应少设一个常规监测点,并应全面设置小区和控制站。

　　2　临时监测点是为某种特定监测任务而设置的监测点,其采样和采样断面的布设、监测内容与频次应根据监测任务确定。临时监测点应包括开发建设项目水土保持监测点,崩塌滑坡、泥石流和沙尘暴监测点,以及其他临时增设的监测点。"

2.3　全国水土保持监测网络建设历程及成效

　　我国水土保持监测网络规模化建设始于 2004 年,依托全国水土保持监测网络和信息系统建设项目。1995 年,水利部组织编制完成了《全国水土保持监测网络和信息系统规划》。2002 年 7 月,国家发展计划委员会批复了《全国水土保持监测网络和信息系统建设一期工程可行性研究报告》(全国水土保持监测网络和信息系统建设一期工程简称一期工程)。2004 年 3 月,水利部批复了一期工程初步设计报告。2007 年 7 月,国家发展和改革委员会批复了《全国水土保持监测网络和信息系统建设二期工程可行性研究报告》(全国水土保持监测网络和信息系统建设二期工程简称二期工程)。2009 年 2 月,国家发展和改革委员会核定了二期工程初步设计概算,2009 年 5 月,水利部批复了二期工程初步设计报告。工程分别于 2007 年、2013 年全部竣工验收。

2.3.1　全国水土保持监测网络建设目标、任务与规模

2.3.1.1　建设目标

　　以水利部水土保持监测中心、流域机构监测中心站、省级监测总站及其监测分站为监测信息管理的基本构架,以监测点的地面观测为基础,以遥感地理信息系统和全球定位系统以及计算机网络等现代信息技术为手段,形成快速便捷的信息采集、传输、处理和发布

系统,实现水土流失及其防治动态监测的信息化、现代化,促进监测数据、设备、理论和技术方法等资源的交流和共享,全面提高全国水土保持规划、科研、示范、监督和管理水平,为水土流失预测预报和水土保持防治效果评价提供准确数据,为国家水土保持生态建设决策提供支持。

2.3.1.2　建设任务

以全国水土流失重点防治区为主,全国性、区域性的控制性监测与局部地区的定位观测相结合,实现与相关行业的资源共享,建成满足不同层次科学研究、技术开发、规划设计、防治示范、监督管理和决策所需要的网络与信息系统。建设内容主要是配置水土流失观测和试验设备、数据采集与处理设备、数据管理与传输设备,建设水土保持监测中心、中心站、总站和分站;建立水土保持数据库,研制开发水土保持监测管理信息系统软件;培训监测技术人员,建立业务素质过硬、技术管理制度严明的监测人才队伍。

2.3.1.3　建设规模

全国水土保持监测网络按照全国水土保持监测中心、大江大河流域水土保持中心站、省(区、市)水土保持监测总站以及水土保持监测分站4级设置。以此为基本构架,采用先进的通信技术、计算机网络技术、数据仓储技术和3S(遥感)技术,依托国家公共网络及国家防汛指挥系统网络,建立全国水土保持监测网络系统平台。全国水土保持监测网络和信息系统工程建设规模为:①全国水土保持监测中心。水利部水土保持监测中心,1个。②流域机构监测中心站。按长江、黄河、海河、淮河、珠江、松花江和辽河、太湖等七大流域设置,共7个,分别设在七大流域机构。③省级监测总站。按省(区、市)设置,每个省(区、市)1个,共31个。④监测分站。根据水土流失重点预防保护区、重点监督区和重点治理区的分布,建设175个监测分站。⑤监测点。738个。

2.3.1.4　工程建设管理

为保证项目的顺利、高效实施,遵循"统一领导、统一规划、统一组织、统一管理"的建设原则,水利部水土保持监测中心作为项目法人,对工程建设实行总负责,并聘请水土保持、信息、网络和管理等方面的专家组成顾问专家小组,指导全国水土保持监测网络与信息系统的建设,为监测网络和信息系统建设提供技术支持和服务。项目建设严格按照国家基本建设工程的要求,实行项目法人责任制、招标投标制和工程监理制;实施项目管理法,推行项目合同制;项目的设计、设备采购、信息系统设计开发等任务委托社会中介机构或公司承担,实行合同管理,确保工程高质量、高水平、按计划完成。

2.3.2　一期工程建设及其成效

2002年7月,国家发展和改革委员会批准了《全国水土保持监测网络和信息系统建设一期工程可行性研究报告》;2004年3月水利部批复了一期工程初步设计报告,经过努力,到2005年5月,一期工程各项建设任务全部完成。

2.3.2.1　一期工程建设内容

全国水土保持监测网络和信息系统建设一期工程建设内容主要包括:建设水利部水土保持监测中心,长江水利委员会、黄河水利委员会2个流域机构监测中心站,山西、内蒙古、陕西、甘肃、青海、宁夏、新疆、湖北、湖南、重庆、四川、云南和贵州等13个省(区、市)

监测总站,以及与这些监测总站对应的 100 个监测分站。监测网络建设主要包括水土流失观测和试验设施、数据采集与处理设备、数据管理和传输设备等。

2.3.2.2 一期工程建设成效

一期工程的建设,取得了显著的效益。主要表现在以下几方面:

(1)初步建成了覆盖我国西部地区的水土保持监测网络,为开展水土流失严重地区的水土保持监测工作奠定了基础。

通过全国水土保持监测网络和信息系统一期工程建设,建成了水利部水土保持监测中心、长江流域水土保持监测中心站,山西、内蒙古、陕西、甘肃、青海、宁夏、新疆、湖北、湖南、重庆、四川、云南和贵州等 13 个省(区、市)监测总站,以及与这些监测总站对应的 100 个监测分站。初步建成了覆盖我国西部地区的水土保持监测网络,为开展我国水土流失严重的西部地区的水土保持监测工作奠定了基础。在一期工程的推动下,我国中东部地区的水土保持监测网络建设也全面启动,为及时掌握全国的水土流失动态及其防治效果、国家生态建设宏观决策提供科学依据奠定了良好的基础。

(2)综合典型监测站的建设,为掌握水土流失动态状况提供了实测资料。

在全国水土保持监测网络和信息系统一期工程建设中,建设的 18 个综合典型监测站,及时投入了观测运行,取得了大量的水土流失实测数据,为分析区域水土流失规律提供了第一手资料,也为全国、各地的水土保持公报的发布提供了可靠的数据支持,为研究区域乃至全国水土流失规律、防治措施提供了可靠的数据。

(3)建成了一支业务过硬、素质良好的技术队伍,为水土流失动态监测奠定了组织基础。

通过全国水土保持监测网络和信息系统一期工程建设,形成了一支由 2 600 多人组成的业务过硬、素质良好的技术队伍,为开展全国水土流失动态监测提供了技术保障。经过不断的努力,从 2003 年开始,全国乃至各省陆续发布了水土保持公报;2005 年,全国共有 19 个省发布了水土保持公报。水利部已连续发布了 2003 年、2004 年、2005 年全国水土保持公报,将全国的水土流失情况、水土保持防治情况和生产建设项目水土保持情况公布于社会,满足了社会的知情权,促进了水土保持生态建设工作中科学发展观的贯彻。

(4)为快速处理、便捷传输、发布信息和生态建设决策提供了技术支持。

全国水土保持监测网络和信息系统一期工程建成的网络系统,为中国水土流失与生态安全综合科学考察的数据传输、处理和发布提供了技术支撑。中国水土流失与生态安全综合科学考察由水利部、中国科学院和中国工程院联合开展,是中华人民共和国成立以来我国水土保持生态建设领域规模最大、范围最广、参与人员最多的一次跨部门、跨行业、跨学科的综合性科学考察。该科学考察全部数据的处理、分析和传输,全部依托全国水土保持监测网络和信息系统一期工程建成的网络系统。全国水土保持监测网络和信息系统一期工程建成的网络系统保证了中国水土流失与生态安全综合科学考察的顺利进行。

2.3.3 二期工程建设及其成效

2.3.3.1 二期工程建设任务

二期工程的建设任务是:按照全国水土保持监测网络和信息系统建设的总体要求,与一期工程衔接,为二期工程范围内的流域监测中心站、省级监测总站及其监测分站配置数据采集与处理设备、数据管理和传输设备,建立数据库与开发应用系统;为水土流失监测点配置水土流失观测和试验设施设备。

二期工程主要建设内容:①建设淮河、松辽、珠江、太湖等4个流域水土保持监测中心站;建设北京、天津、河北、辽宁、吉林、黑龙江、江苏、河南、山东、安徽、浙江、江西、福建、西藏、广东、广西、海南和新疆生产建设兵团等18个省级水土保持监测总站以及以上监测总站对应的75个监测分站。为其配置数据采集与处理设备、数据管理和传输设备,建立水土保持数据库和开发应用系统等。②在全国建设738个水土流失监测点(其中观测场40个,监测点698个),为其配置水土流失观测和试验设施设备。

2.3.3.2　二期工程建设成效

全国水土保持监测网络规模化建设始于2004年,依托全国水土保持监测网络和信息系统建设项目,经过近10年的建设,水土保持监测网络建设取得了以下成效:

(1)水土保持监测网络体系初步建成。

已初步建成由水利部水土保持监测中心、7大流域机构监测中心站、31个省(区、市)监测总站、175个监测分站和735个监测点构成的全国水土保持监测网络,初步形成了覆盖我国水土流失重点防治地区的水土保持监测网络。同时,在一、二期工程建设的推动下,我国的水土保持监测技术队伍得到了长足发展,形成了一支近5 000人的专业配套、结构合理的监测技术队伍。

(2)水土保持数据库和信息系统建设初现成效。

初步完成了全国水土保持信息管理系统的开发,水利部实现了对开发建设项目水土保持方案的信息化管理。开发的全国水土保持空间数据发布系统,在不到5年时间,访问量已突破26万次,为各行各业和社会公众提供土壤侵蚀、生态建设、预防监督、定位观测及土壤侵蚀因子等信息,有效支撑了水土保持业务数据的全面管理、决策分析、信息发布和社会服务的能力,提升了水土保持行业管理和科学决策水平。

(3)水土流失动态监测工作有序开展。

依托水土保持监测网络,陆续开展了全国水土流失动态监测与项目公告,南水北调水源区、黄河中游多沙粗沙区、环京津风沙源区、东北黑土区、珠江上游等重点防治区的水土流失监测取得了大量成果。水利部和全国20多个省(区、市)连续8年发布了水土保持公报,满足了社会各界和人民群众的水土保持知情权。全国水土保持监测网络在中国水土流失与生态安全科学考察,第一次全国水利普查水土保持情况普查工作中的数据采集、信息传输、数据管理等方面发挥了重要作用。

2.4　全国水土保持监测网络建设布局

全国水土保持监测网络的机构按照四级设置。

第一级:水利部水土保持监测中心。

第二级:大江大河流域水土保持监测中心站。包括长江、黄河、海河、淮河、珠江、松花江及辽河、太湖等7个流域机构委员会的水土保持监测中心站。

第三级:省(区、市)水土保持监测总站。包括北京市、天津市、河北省、山西省、内蒙古自治区、辽宁省、吉林省、黑龙江省、江苏省、浙江省、安徽省、福建省、江西省、山东省、河南省、湖北省、湖南省、广东省、广西壮族自治区、海南省、重庆市、四川省、贵州省、云南省、西藏自治区、陕西省、甘肃省、青海省、宁夏回族自治区、新疆维吾尔自治区以及新疆生产建设兵团等 31 个监测总站。

第四级:省(区、市)重点防治区监测分站。目前,各省(区、市)水土保持监测分站共186 个。

全国水土保持监测网络包括各级监测机构以及监测点之间的业务关系与数据流、各级站点与其主管部门和相关单位的关系等。

2.5　全国水土保持监测网络监测点

水土保持监测点是整个监测网络的神经末梢,作为全国水土保特监测网络的前端,承担着观测、试验、采集和分析数据的重任。监测点布设的科学合理与否,直接关系到整个监测网络数据来源的代表性与系统性,关系到信息处理和动态分析的科学性与可靠性,关系到对地方、区域乃至整个国家土壤侵蚀及其治理变化规律和趋势的分析和预测。

2.5.1　监测点分类及其主要任务

2.5.1.1　监测点分类

《水土保持监测技术规程》(SL 277—2002)依据《中华人民共和国水土保持法》(1991)、《中华人民共和国水土保持法实施条例》(2011)对监测点及其主要功能进行了规定。

2.1.5 条规定:"应根据全国与省(自治区、直辖市)水土保持监测网络规划和监测工作需要,结合省(自治区、直辖市)重点防治区分布情况,布设相关监测点。水土保持监测点定期收集、整(汇)编和提供水土流失及其防治动态的监测资料。按照监测目的和作用,监测点分为常规监测点和临时监测点。

1　常规监测点是长期、定点定位的监测点,主要进行水土流失及其影响因子、水土保持措施数量、质量及其效果等监测,在全国土壤侵蚀区划的二级类型区应至少设一个常规监测点,并应全面设置小区和控制站。

2　临时监测点是为某种特定监测任务而设置的监测点,其采样点和采样断面的布设、监测内容与频次应根据监测任务确定,临时监测点应包括开发建设项目水土保持监测点,崩塌滑坡、泥石流和沙尘暴等监测点,以及其他临时增设的监测点。"

2.5.1.2　监测点布设原则和选址要求

对于水土保持监测点的布设,相关的法律法规和技术规范已提出相关的规定和要求。例如,《中华人民共和国水土保持法实施条例》第二十九条,《水土保持生态环境监测网络管理办法》第九条、第十条对水土保持监测机构进行了规定。这些已经在上面进行了叙述,此处不再赘述。现就《水土保持监测技术规程》(SL 277—2002)中提出的有关水土保持监测分站、监测点的布设原则和选址要求列举如下。

1. 监测点布设原则

《水土保持监测技术规程》(SL 277—2002)中提出水土保持监测点的布设原则如下。

2.1.6 条规定:"设置水土保持监测点前,应调查收集有关基本资料,如地质、地貌、土壤、植被、降水等自然条件和人口、土地利用、生产状况、社会经济等状况;水土流失类型、强度、危害及其分布;水土保持措施数量、分布和效果等。"

2.2.1 条规定:"监测点布设应遵循以下原则:

1　根据水土流失类型区和水土保持规划,确定监测点的布局。

2　以大江大河流域为单元进行统一规划。

3　与水文站、水土保持试验(推广)站(所)、长期生态研究站网相结合。

4　监测点的密度与水土流失防治重点区的类型、监测点的具体情况和监测目标密切相关,应合理确定。"

2. 监测点的选址要求

《水土保持监测技术规程》(SL 277—2002)中提出水土保持监测点的选址要求如下。

2.2.2 条规定:"常规监测点选择场地应符合下列规定:

1　场地面积应根据监测点所代表水土流失类型区、试验内容和监测项目确定。

2　各种试验场地应集中,监测项目应结合在一起。

3　应满足长期观测要求:有一定数量的、专业比较配套的科技人员;有能够进行各种试验的科研基地;有进行试验的必要手段和设备;交通、生活条件比较方便。"

2.2.3 条规定:"临时监测点选择场地应符合下列规定:

1　为检验和补充某项监测结果而加密的监测点,其布设方式与密度应满足该项监测任务的要求。

2　开发建设项目造成的水土流失及其防治效果的监测点,应根据不同类型的项目要求设置。

3　崩塌滑坡危险区、泥石流易发区和沙尘源区等监测点应根据类型、强度和危险程度布设。"

2.5.2　监测点数量与分布

根据上述水土保持监测点布设原则和选址要求,在全国水土保持监测网络和信息系统建设项目中,全国共布设 738 个监测点。其中,观测场 40 个、小流域控制站 338 个、坡面径流场 316 个、风蚀监测点 31 个、重力侵蚀点 4 个、混合侵蚀监测点 5 个、冻融侵蚀点 4 个。

全国水土保持监测网络和信息系统工程建设的水土保持监测点,在大江大河流域中的分布数量,以长江流域和黄河流域最多,分别为 226 个和 199 个,其他依次为松辽流域、珠江流域、海河流域、淮河流域和太湖流域及东南诸河。按照不同土壤侵蚀类型区的分布数量,水蚀区占绝大多数,共有 703 个,风蚀区和冻融只有 35 个;按照水土保持监测点在水蚀区中的分布数量由多到少排列,依次为南方红壤丘陵区、西北黄土高原区、西南土石山区、北方土石山区、东北黑土区。由此可知,全国水土保持监测网络监测点的分布,与我国的土壤侵蚀面积、分布、程度状况以及水土保持生态建设规划相吻合,与大江大河流域的面积、分布状况相吻合。

全国水土保持监测网络和信息系统工程建设的水土保持监测点,在各省(区、市)、主要土壤侵蚀类型区以及七个大江大河流域分布情况见表 2-1、表 2-2。

表 2-1　全国水土保持监测网络监测点汇总情况

省(区、市)	水蚀监测点			风蚀监测点	重力侵蚀点	混合侵蚀点	冻融侵蚀点	小计
	观测场	控制站	径流场					
北京	1	5	11					17
天津	1	1						2
河北	1	15	7	1				24
山西	2	24	9	1				36
内蒙古	2	28	12	3				45
辽宁	1	11	17	1				30
吉林	1	10	11	3				25
黑龙江	1	12	8	2			1	24
江苏	1	3	2					6
浙江	1	2	11					14
安徽	1	11	11					23
福建	1	6	8					15
江西	1	9	11					21
山东	1	10	15	1				27
河南	1	15	13					29
湖北	2	14	15					31
湖南	1	12	11					24
广东	2	14	12					28
广西	1	16	9					26
海南	1	6	1					8
重庆	2	7	11		2			22
四川	2	14	24		1	2		43
贵州	1	12	10		1			23
云南	1	12	19			1		33
西藏	1	3	4	1			1	10
陕西	3	26	14			1		45
甘肃	2	17	17	5		1		42
青海	1	11	8	2			2	24
宁夏	1	4	8	2				15
新疆*	2	8	7	8				25
合计	40	338	316	31	4	5	4	738

注: *表示含新疆生产建设兵团。

表 2-2　按土壤侵蚀类型区统计的水土保持监测点分布情况

监测点类型 土壤侵蚀 类型区	东北 黑土区	西北黄土 高原区	南方红壤 丘陵区	北方土石 山区	西南土 石山区	风蚀区*	冻融区*	合计
观测场	2	7	12	9	8	1	1	40
水蚀监测点	79	137	173	102	130	16	17	654
风蚀监测点	3	3	0	1	0	23	1	31
重力侵蚀监测点				4				4
混合侵蚀监测点			1	4				5
冻融侵蚀监测点	1						3	4
合计	85	147	186	112	146	40	22	738

注：* 表示在我国土壤侵蚀类型区划中，水蚀区、风蚀区、冻融侵蚀区是指分别以水蚀、风蚀、冻融侵蚀为主的类型区。当然，在这些侵蚀类型区中，也存在其他的土壤侵蚀类型。

2.5.2.1　观测场

观测场主要设置在水蚀区，是能够全面观测地块和小流域土壤流失及其相关影响因素的监测点，包括全面设置坡面径流小区和小流域控制站。

在全国水土保持监测网络建设中，在全国土壤侵蚀区划的主要水蚀类型区至少设一个观测场，在水土流失严重的西北黄土高原区、南方红壤丘陵区、北方土石山区和西南土石山区适当加密。从大江大河流域看，这些观测场主要分布在长江、黄河、珠江和海河流域。

2.5.2.2　坡面径流场

坡面径流场包括径流小区和天然坡面径流场。径流小区主要用来开展水土流失及其治理规律试验观测，小区按照一定的规格设置（坡度、坡长、宽度等），并连续布设某种水土保持措施，试验在特定条件下的坡面径流量和土壤流失量；天然坡面径流场主要是用来观测在天然状况下试验坡面的径流量和土壤流失量，其中天然状况包括小地形（坡长、坡度、坡形等）、土地利用类型以及状况等，即连续观测各种因素及在这些因素综合作用下的径流量和土壤流失量。

2.5.2.3　控制站

控制站包括小流域控制站和水文小河站两种。小流域控制站就是设置在小流域出口处用来观测沟道径流和泥沙的监测设施，控制面积一般较小，不大于 50 km²，通过长期监测小流域的地质、地形、土壤、植被、降水、土地利用、生产以及水土流失、治理措施等状况，探究水土流失与小流域综合治理措施配置之间的相互作用。小河站就是设置在小河道上用来观测河道径流和泥沙的监测设施，控制面积一般在几十平方千米至几百平方千米，也有些超过 1 000 km² 的。

2.5.2.4　风蚀监测点

风蚀监测点布设在有代表性的风蚀区和水蚀风蚀交错区，主要分布在我国西北地区的内蒙古、甘肃、新疆、宁夏以及东北地区的吉林、黑龙江等地。

2.5.2.5　重力侵蚀监测点

重力侵蚀监测点布设于滑坡频繁发生而且危害较大、有代表性的地区，主要分布在长江流域的三峡库区和乌江水系。

2.5.2.6　混合侵蚀监测点

混合侵蚀监测点主要用来监测泥石流状况，选择在泥石流发生场次多、危害大且有代表性的泥石流沟道及其下游流通堆积段附近，并且通常需要有比较便利的电、交通、通信条件，主要分布在长江流域上游的四川、云南和陕西、甘肃的南部。

2.5.2.7　冻融侵蚀监测点

冻融侵蚀监测点选择在冻融侵蚀易发、侵蚀明显且交通便利的地区，主要分布在西藏、青海、黑龙江等地。

2.6　我国水土保持监测点建设现状

2.6.1　总体规模

在全国水土保持监测网络和信息系统建设的基础上，各地根据水土保持监测工作发展的需要进行了水土保持监测点建设及其他行业站点的共享合作。据统计，截至2020年底，纳入全国水土保持监测网络管理的水土保持监测点共826个。具体情况为：全国水土保持监测网络和信息系统建设工程建设732个监测点（有18个站点是与高等院校、科研单位等共建的站点，后期运行过程中逐步作为共享站点进行管理）；各省（区、市）根据各地水土保持监测工作的需要，又建设了78个监测点；水利部水土保持监测中心、7个流域管理机构水土保持监测中心（站）根据全国水土流失动态监测工作的需要，共享了其他相关行业（单位）的16个监测点（见表2-3）。

表2-3　全国水土保持监测点现状统计

序号	省（区、市）	全国水土保持监测网络和信息系统建设监测点											各省（区、市）自建监测点	新增共享监测点	合计
		观测场	控制站			径流场	风力侵蚀监测点	重力侵蚀监测点	混合侵蚀监测点	冻融侵蚀监测点	小计				
			小流域控制站	水文站	小计										
1	北京	1				16					17				17
2	天津	1		1	1						2				2
3	河北	1	3	12	15	7	1				24		1		25
4	山西	2	10	14	24	9	1				36		2		38
5	内蒙古	2	6	22	28	12	3				45		7	3	55
6	辽宁	1	1	10	11	17	1				30				30
7	吉林	1	4	6	10	11	3				25				25
8	黑龙江	1	4	8	12	8	2			1	24		2		26
9	上海												1		1

续表 2-3

序号	省(区、市)	全国水土保持监测网络和信息系统建设监测点										各省(区、市)自建监测点	新增共享监测点	合计
		观测场	控制站			径流场	风力侵蚀监测点	重力侵蚀监测点	混合侵蚀监测点	冻融侵蚀监测点	小计			
			小流域控制站	水文站	小计									
10	江苏	1		3	3	2					6	2	2	10
11	浙江	1		2	2	11					14	1		15
12	安徽	1	2	9	11	11					23	3		26
13	福建	1		6	6	8					15	2		17
14	江西	1	2	8	10	10					21		6	27
15	山东	1	2	7	9	15	1				26	5	1	32
16	河南	1	4	11	15	13					29	2		31
17	湖北	2	7	7	14	15					31	6	1	38
18	湖南	1	1	10	11	12					24	3	1	28
19	广东	2		14	14	12					28			28
20	广西	1	4	12	16	9					26	3		29
21	海南	1		6	6	1					8	1		9
22	重庆	2		7	7	11		2			22	4	2	28
23	四川	2	1	13	14	24		1	2		43			43
24	贵州	1	3	9	12	10		1			24	5		29
25	云南	1	3	9	12	19			1		33	13		46
26	西藏	1	1	2	3	1	1			1	7	1		8
27	陕西	3	7	19	26	14	1		1		45	11		56
28	甘肃	2	9	9	18	16	5		1		42			42
29	青海	1	5	6	11	8	2			2	24	2		26
30	宁夏	1		4	4	8	2				15	1		16
31	新疆	1		6	7	5	5				18			18
32	新疆生产建设兵团	1		1	1	1	2				5			5
合计		40	80	253	333	316	30	4	5	4	732	78	16	826

全国 826 个水土保持监测点,按照流域(片)统计,长江流域 262 个、黄河流域 222 个、淮河流域 47 个、海河流域 65 个、珠江流域 97 个、松辽流域 100 个、太湖流域 33 个。按照行业统计,水土保持行业监测点 539 个(综合观测站 71 个、坡面径流场 328 个、小流域控制站 95 个、风力侵蚀监测点 33 个、冻融侵蚀监测点 4 个、重力侵蚀监测点 3 个、混合侵蚀监测点 5 个)、共享水文站 253 个、共享有关单位站点 34 个。

2.6.2　监测技术队伍

截至 2020 年底,全国水土保持监测技术队伍人员近 6 000 人。其中,水土保持监测机构人员 3 060 人,约占监测技术队伍总人数的 51%。水土保持监测机构,中级职称以上人员 1 685 人,约占监测机构人员数量的 55%;高级职称以上人员 805 人,约占监测机构人员数量的 26%。

全国 539 个水土保持行业监测点共有人员 2 561 人。其中,在编人员数量 1 738 人,约占监测点总人数的 68%;聘用人员数量 823 人,约占监测点总人数的 32%。

2.6.3　监测点运行管理

全国水土保持监测点运行管理形式多样,有流域管理机构直管、省级垂直管理、属地管理、共享单位管理等。

(1)流域管理机构直管。主要是黄委负责管理的 17 个监测点和松辽委负责管理的 2 个站点,共计 19 个。

(2)省级垂直管理。主要是上海、江苏、安徽、山东、广西和海南 6 个省(区、市)的省级水土保持部门直接负责管理的 67 个监测点。除广西外,其他 5 个省(市)的水土保持监测总站和省水文局合署办公。

(3)属地管理。主要是由省级水土保持部门负责技术指导,监测点所在的县级水土保持部门负责运行管理的 453 个监测点。

(4)共享单位管理。是指共享监测点由所属的科研院所、高等院校、水文局等负责管理,其水土保持监测工作接受水利水保部门的技术指导。共享单位管理的监测点共 287 个(水文站 253 个、其他单位监测点 34 个)。

2.7　全国水土保持监测点存在的主要问题

对标新时代国家生态文明建设要求,现有水土保持监测点在空间布局、设施配套、设备配置、观测手段等方面还存在突出问题,已影响到监测点运行管理和效益发挥,难以满足新时期水土保持行业管理、国家生态文明建设和经济社会高质量发展等需求,主要表现在以下几个方面。

2.7.1　水土保持监测点布局仍不平衡、不完善

根据 2020 年全国水土流失动态监测,全国水土流失面积 269.27 万 km²,较全国水土保持监测网络和信息系统工程建设论证时采用的 1999 年全国水土流失面积 355.56 万 km² 减少了 24.27%,全国的水土流失状况、分布已发生了很大变化。全国水土保持区划中的呼伦贝尔丘陵平原区、羌塘—藏西南高原区 2 个二级区和 15 个三级区没有水土保持监测点;黄河中游黄土高原区、东北黑土区、西南石漠化区等国家重点关注区域、国家级水土流失重点防治区、国家重点生态功能区的水土流失状况由于发生变化,存在既有监测点布局不合理,水土流失严重区域还存在监测空白的情况,直接影响到水土流失动态监测参数精度,造成动态监测工作精度不确定等情况。现有部分坡面观测场和小流域控制站未按照水系汇流关系进行合理嵌套布设,而且坡面观测场以满足水土保持科学研究的 5 m×20 m 径流小区为主,缺少贴近自然条件下的自然坡面观测场和典型实际样地径流泥沙观

测点,观测取得的数据在全面分析水土流失规律、河流水沙关系以及流域水安全等方面有明显的局限性。

2.7.2 水土保持监测点监测能力较现代化要求差距仍较大

现有绝大部分水土保持监测点,由于受当时设施设备技术条件和投资条件的限制,建设标准低;观测方法以人工为主,观测数据需要通过人工输入到数据管理系统,自动化程度差;而且绝大多数监测设施设备已投入运行近 15 年,老化严重,已经严重制约监测数据的时效性和成果质量,不能满足当前信息化、智能化和现代化的要求。

2.7.3 水土保持监测点发展保障能力仍较为薄弱

现有部分水土保持监测点的运行经费,为站点所在地的地方财政资金,也有一部分站点依托科研项目支撑。平均每个站点年度运行费用约 12 万元,且不能足额、及时保障,严重影响监测点的良性运行。另外,水土保持监测点管理未明确中央和地方事权,不能满足国家对水土保持监测数据的需求。

参考文献

[1] 曹文华,罗志东.水土保持监测站点规范化建设与运行管理的思考[J].水土保持通报,2009(2):18-120.

[2] 姜德文.中国水土保持监测站点布局研究[J].水土保持通报,2008(5):1-5.

[3] 李智广,马力刚,王平.区域水土保持监测点布局优化时空模型研究[J].中国水土保持,2019(5):69-74.

[4] 刘震.谈谈水土保持法修订的过程和重点内容[J].中国水土保持,2011(2):1-4.

[5] 郭索彦.水土保持监测理论与方法[M].北京:中国水利水电出版社,2010.

[6] 中国法制出版社.中华人民共和国水土保持法[M].北京:中国法制出版社,1991.

[7] 中国法制出版社.中华人民共和国水土保持法[M].北京:中国法制出版社,2011.

[8] 李飞,邵风涛,周英,等. 中华人民共和国水土保持法释义[M].北京:法律出版社, 2011.

[9] 刘震.水土保持监测技术[M].北京:中国大地出版社,2004.

[10] 赵院.全国水土保持监测网络建设成效和发展思路探讨[J].水利信息化,2013(6):15-18.

[11] 赵院,李智广,曹文华,等.全国水土保持监测网络和信息系统建设实践[J].中国水利,2008(19):21-23.

[12] 李智广,刘宪春,喻权刚,等.加强水土保持监测网络建设 健全监测网络运行机制[J].水利发展研究,2008(4):32-36.

[13] 贺前进.全国水土保持监测网络和信息系统总体设计[J].水利水电技术,2007(5):46-48.

[14] 郭索彦,李智广,赵院.全国水保监测网络与信息系统建设[J].中国水利,2003(22):41-42.

[15] 李智广,郭索彦.全国水土保持监测网络的总体结构及管理制度[J].中国水土保持,2002(9):25-27,47.

[16] 赵士洞.国际长期生态研究网络(ILTER)——背景、现状和前景[J].植物生态学报,2001,25(4):510-512.

[17] 傅伯杰,刘世梁. 长期生态研究中的若干重要问题及趋势[J]. 应用生态学报,2002, 13(4):476-480.

[18] 牛栋,李正泉,于贵瑞. 陆地生态系统与全球变化的联网观测研究进展[J]. 地球科学进展,2006,
21(11):1999-1206.

[19] 傅伯杰,牛栋,赵士洞. 全球变化与陆地生态系统研究回顾与展望[J]. 地球科学进展,2005, 20
(5):556-560.

[20] 王礼先.中国水利百科全书 水土保持分册[M].北京:中国水利水电出版社,2004.

[21] 王礼先,朱金兆.水土保持学[M].2 版.北京:中国林业出版社,2005.

第 3 章　国内外生态环境监测网络建设及其研究

3.1　国外相关监测网络建设研究

3.1.1　美国监测网络建设研究

美国长期生态学研究网络(long term ecological research network,LTER)(Waide,2000)建立于 1979 年,目前由代表了森林、草地、农田、湖泊、海岸、荒漠、极地冻原和城市等生态系统的 24 个试验站组成。该网络在生态学研究及生态系统管理方面都取得了一系列重要成就。美国国家基金委员会提出了在不同地区建立 10 个国家生态观测站,并在此基础上建立国家生态观测站网络(national ecological observatory network,NEON)的设想。NEON 的每一个观测站实际上是一个区域性生态系统综合研究中心,其核心任务是针对所在地区的重要生态问题,从细胞、器官、个体、种群和群落等生物学层次,以及生态系统和景观等生态学层次进行包括自然科学、社会科学和技术科学在内的跨学科综合研究。

3.1.2　英国监测网络建设研究

英国环境变化监测网络(environment change network,ECN)筹建于 1992 年,自 1993 年开始正式运行,它是一个只对环境和生物群落进行长期综合观测的网络(Parr,Lane,2000)。该网络目前观测的指标达 260 多个,涉及陆地生态系统的气象、大气化学、降水化学、地表径流化学、土壤溶液化学、土壤质地、植被、脊椎动物、非脊椎动物、土壤动物等因子,以及淡水生态系统的水特征、非脊椎动物、水生植物、浮游动物和浮游植物等。该网络的观测站都是由英国有关部门建立而自筹经费,自愿参加 ECN 观测活动的。ECN 的经费只支持从事网络管理和数据管理的 2~3 人的活动经费。它的主要任务是:在英国本土内选定若干个有代表性的观测站组成网络,按标准化的方法对影响环境变化的一些重要因子进行定期观测;对所采集的数据进行综合与分析,了解并确定造成环境变化的原因;建立一个学者们可以获取的用于研究和预测环境变化的长期数据库。

3.1.3　日本监测网络建设研究

1935 年,日本全国治水砂防协会成立。1948 年在建设省河川局开始设置砂防课。1951 年砂防学会成立。1962 年,建设省设置砂防部。1970 年在砂防课设置滑坡对策室。1974 年在建设省设置倾斜地保全课。1975 年财团法人砂防·滑坡技术中心成立。1991 年财团法人砂防推进整备机构成立。日本的砂防工作是依据不同的法律规定,分别由农林水产省和建设省负责执行。农林水产省负责《土地改良法》《森林法》有关工作。建设省负责《砂防法》《陡坡地崩塌防治法》《土沙灾害防治法》的有关工作。《滑坡防治法》《治山治水紧急措置法》由两家共同负责。国土交通省下设砂防部,农林水产省设有治山课。

国土省的砂防机构主要设在河川局和地方整备局。河川局下设砂防部,内设砂防计划课(23人)和保全课。保全课主要负责砂防工程的建设与管理,下设总务系、直辖砂防系、补助砂防系、滑坡系、陡坡崩塌系和海岸室。

3.2　中国生态系统研究网络

3.2.1　功能定位

中国生态系统研究网络(CERN)的宗旨是通过对全国各主要区域和各主要类型生态系统的长期监测与试验,结合遥感与模型模拟等方法,研究我国生态系统的结构与功能、格局与过程的变化规律,提高我国生态学及相关学科研究水平,开展生态系统优化管理研究与示范,为我国生态与环境保护、资源合理利用和可持续发展以及应对全球变化等提供长期、系统的科学数据和决策依据。

CERN 为我国的生态系统长期定位研究、生态系统与全球变化科学研究,以及自然资源利用与保护研究提供了野外科技平台,为开展跨区域、跨学科的联网观测和联网试验提供了必要的野外试验设施、仪器设备和生活设施。

CERN 的组建是我国生态系统监测与研究领域一次质的飞跃,它建立了我国长期生态学试验和数据积累的基础平台,为生态系统过程的深入研究、生态系统联网研究和区域性复合生态问题研究奠定了坚实的基础。目前,CERN 已是中国国家生态系统观测研究网络(CNERN)的骨干成员,也是与美国长期生态研究网络(LTER)和英国环境变化监测网络(ECN)齐名的世界三大国家级生态网络之一,在引领我国和亚洲地区生态系统观测研究网络的发展方面做出了国际公认的科技贡献,在全球地球观测系统中发挥着不可替代的重要作用。

3.2.2　网络构成及其分布

中国生态系统研究网络(CERN)自 1988 年开始筹建以来,经过 30 余年的建设和发展,逐步形成了一个由 42 个生态站、5 个学科分中心和 1 个综合研究中心构成的生态网络体系,已经成为我国野外科学观测、科学试验和科技示范的重要基地、人才培养基地和科普教育基地。CERN 已经实现了野外科学观测和试验数据的不断积累,形成了野外观测—数据观测—数据服务一体化的科学数据共享体系。

根据生态站的研究方向和内容,将其划分为农业生态系统研究站、森林生态系统研究站、草原生态系统研究站、沼泽生态系统研究站、荒漠生态系统研究站、湖泊生态系统研究站、海湾生态系统研究站、城市生态系统研究站和喀斯特生态系统研究站等 9 个类别。其中,农业生态系统研究站在全国一共布设了 14 个,分布范围涉及 13 个省(区);森林生态系统研究站在全国一共布设了 11 个,分布范围涉及 8 个省(市);草原生态系统研究站在全国一共布设了 2 个,分布范围涉及 2 个省(区);沼泽生态系统研究站在全国一共布设了 1 个,分布范围涉及 1 个省;荒漠生态系统研究站在全国一共布设了 5 个,分布范围涉及 3 个自治区;湖泊生态系统研究站在全国一共布设了 4 个,分布范围涉及 4 个省;海湾生态系统研究站在全国一共布设了 3 个,分布范围涉及 3 个省;城市生态系统研究站在全国一共布设了 1 个,分布范围涉及 1 个直辖市;喀斯特生态系统研究站在全国一共布设了 1 个,分布范围涉及 1 个自治区。CERN 生态站分布情况见表 3-1。

表 3-1　CERN 生态站分布情况

站名	所在地区	地理坐标
农业生态系统研究站		
海伦农业生态实验站	黑龙江省海伦市	E126°55′,N47°27′
沈阳生态实验站	辽宁省沈阳市	E123°24′,N41°31′
禹城农业综合试验站	山东省禹城市	E116°34′,N36°49′
封丘农业生态实验站	河南省封丘县	E114°32′,N35°01′
栾城农业生态系统试验站	河北省石家庄市	E114°41′,N37°53′
常熟农业生态试验站	江苏省常熟市	E120°41′53″,N31°32′56″
桃源农业生态试验站	湖南省桃源县	E111°27′,N28°55′
鹰潭红壤生态试验站	江西省鹰潭市	E116°55′30″,N28°12′15″
盐亭紫色土农业生态试验站	四川省盐亭县	E105°27′,N31°16′
安塞水土保持综合试验站	陕西省延安市	E109°19′23″,N36°51′30″
长武黄土高原农业生态试验站	陕西省长武县	E107°40′,N35°12′
临泽内陆河流域综合研究站	甘肃省临泽县	E99°35″,N39°04′
拉萨高原生态试验站	西藏自治区拉萨市	E91°20′37″,N29°40′40″
阿克苏水平衡试验站	新疆阿克苏	E80°51′,N40°37′
森林生态系统研究站		
长白山森林生态系统定位研究站	吉林省长白山保护 开发区管理委员会池北区	E128°06′,N42°24′
北京森林生态系统定位研究站	北京市门头沟区	E115°26′,N40°00′
会同森林生态系统定位研究站	湖南省会同县	E109°35′26″,N26°47′23″
鼎湖山森林生态系统定位研究站	广东省肇庆市	E112°32′,N23°10′
鹤山丘陵综合开放试验站	广东省鹤山市	E112°54′,N22°41′
茂县山地生态系统定位研究站	四川省茂县	E103°53′44″,N31°41′46″
贡嘎山高山生态系统观测试验站	四川省泸定县	E101°59′54″,N29°34′34″
哀牢山亚热带森林生态系统研究站	云南省景东县	E101°01′43″,N24°32′29″
西双版纳热带雨林生态系统定位研究站	云南省勐腊县	E101°15′,N21°55′

续表 3-1

站名	所在地区	地理坐标
神农架生物多样性定位研究站	湖北省兴山县	E110°03′~34′,N31°19′~36′
千烟洲红壤丘陵综合开发试验站	江西省泰和县	E115°04′00″,N26°44′51″
草原生态系统研究站		
内蒙古草原生态系统定位研究站	内蒙古自治区锡林郭勒盟	E116°42′,N43°38′
海北高寒草甸生态系统研究站	青海省海北州门源县	E101°19′,N37°37′
沼泽生态系统研究站		
三江平原沼泽湿地生态试验站	黑龙江省建三江市	E133°31′,N47°35′
荒漠生态系统研究站		
奈曼沙漠化研究站	内蒙古通辽市奈曼旗	E120°42′,N43°55′
沙坡头沙漠试验研究站	宁夏回族自治区中卫县	E104°57′,N37°27′
鄂尔多斯沙地草地生态定位研究站	内蒙古鄂尔多斯市	E110°11′,N39°29′
阜康荒漠生态试验站	新疆维吾尔自治区阜康市	E87°55′,N44°17′
策勒沙漠研究站	新疆维吾尔自治区策勒县	E80°43′,N37°00′
湖泊生态系统研究站		
东湖湖泊生态系统试验站	湖北省武汉市	E114°23′,N30°33′
太湖湖泊生态系统试验站	江苏省无锡市	E120°13′,N31°24′
洞庭湖湿地生态系统观测研究站	湖南省岳阳市君山	E112°48′,N29°30′
鄱阳湖湖泊湿地观测研究站	江西省九江市星子县	E116°05′,N28°30′
海湾生态系统研究站		
胶州湾海洋生态系统定位研究站	山东省青岛市	E120°20′,N36°03′
大亚湾海洋生物综合试验站	广东省深圳市	E114°31′12″,N22°31′27″
三亚热带海洋生物实验站	海南省三亚市	E109°28′30″,N18°13′42″
城市生态系统研究站		
北京城市生态系统研究站	北京市海淀区	E116°34′,N40°01′
喀斯特生态系统研究站		
环江喀斯特生态系统观测研究站	广西自治区环江县	E108°19′33″,N24°44′30″

3.2.3 站点设立原则

中国生态系统研究网络(CERN)为了确保按预定目标健康运行,提高管理效率和业务运行效率,制定了《中国生态系统研究网络章程》,以此作为加入或退出 CERN 的运行与管理机制。其中。第十五条规定:"综合中心、分中心和生态站都应依据'开放、流动、竞争、联合' 的原则对国内外开放,吸引国内外优秀的科学家到 CERN 进行研究工作。"

第十六条规定:"实行'赏优罚劣、竞争发展' 的原则,用量化的考核评价指标体系对各单位的工作定期进行检查和评比。……领导小组和科学委员会每4年对各站、分中心和综合中心的工作业绩和能力进行1次全面评估。对于连续2次评估不合格者,CERN 领导小组有权撤消其成员资格。"

3.3　中国森林生态系统定位观测研究网络

3.3.1　功能定位

国家林业局生态系统观测与研究网络由中国森林生态系统定位观测研究网络(CFERN)、中国湿地生态系统定位研究网络、中国荒漠生态系统定位研究网络构成,是国际著名大型生态系统观测与研究网络之一。

中国森林生态系统定位观测研究网络主要目的是通过野外台站长期定位定时的监测,从格局—过程—尺度有机结合的角度研究水、土、气、生界面的物质转换和能量流动规律,定量分析不同时空尺度上生态过程演变、转换与耦合机制,建立森林生态环境及其效益的评价、预警、调控体系。

3.3.2　网络构成及其分布

中国森林生态系统定位观测研究网络由分布于全国典型森林植被区的若干森林生态站组成。而森林生态站是通过在典型森林地段,建立长期观测点与观测样地,对森林生态系统的组成、结构、生物生产力、养分循环、水循环和能量利用等在自然状态下或某些人为活动干扰下的动态变化格局与过程进行长期观测,阐明生态系统发生、发展、演替的内在机制和自身的动态平衡,以及参与生物地球化学循环过程等的长期定位观测站点。

目前,中国森林生态系统定位观测研究网络已发展成为横跨30个纬度、代表不同气候带的由73个森林生态站组成的网络,基本覆盖了我国主要典型生态区,涵盖了我国从寒温带到热带、湿润地区到极端干旱地区的最为完整和连续的植被和土壤地理地带系列,形成了由北向南以热量驱动和由东向西以水分驱动的生态梯度的大型生态学研究网络。

按照我国地理分布特征和生态系统类型区划,中国森林生态系统定位观测研究网络在全国典型生态区已初步建设生态站 190 个,基本覆盖了全国主要生态区。其中:

(1)森林生态站 105 个,已完成全国 30 个省(区、市)的建设布局,涵盖了我国 9 个植被气候区和 40 个地带性植被类型。

(2)竹林生态站 8 个,涵盖了我国五大竹区中的琼滇攀援竹区、南方丛生竹区、江南混合竹区、北方散生竹区等 4 个区域,实现了对核心竹产区的全覆盖。

(3)湿地生态站 39 个,实现了沼泽、湖泊、河流、滨海四大自然湿地类型和人工湿地类型的全覆盖,遍布 24 个省(区、市)。

(4)荒漠生态站 26 个,实现了除滨海沙地外,我国主要沙漠、沙地以及岩溶石漠化、干热干旱河谷等特殊区域的覆盖。

(5)城市生态站 12 个,主要布局在上海、深圳、重庆、杭州、长沙等城市。

近年来,部分省级林业行政主管部门根据区域经济社会和林业发展的需求,以国家网络现有站点为骨架建立了省级陆地生态系统定位观测研究网络及其管理中心,如广东省规划并建立了由 10 个生态站构成的广东省森林生态系统定位研究网络,并依托广东省林科院成立了网络管理中心。此外,北京、吉林、四川、河南、山西、湖北、浙江、云南、重庆、上海、青海、内蒙古、新疆等省(区、市)也对省级陆地生态系统定位观测研究网络进行了规划,河南、广东、浙江、吉林、山西等省在地方财政专项的支持下,安排建设与运行经费用于支持省网建设,取得良好成效。

3.3.3　森林生态系统长期定位观测研究站建设规范

2021 年 4 月 30 日颁布实施的《森林生态系统长期定位观测研究站建设规范》(GB/T 40053—2021),规定了森林生态系统长期定位观测研究站建安工程、观测场设施、仪器设备等的建设内容和建设流程。其中 4.1.1 条对于布局原则规定:"a)满足'一站多能、以站带点'的原则;b)遵循'多站点联合、多系统组合、多尺度拟合、多目标融合'的方针;c)应充分了解当地生态区位重要性、森林类型特点、观测和研究重点,站址区和观测区功能布局具有科学性、代表性和典型性;d)应考虑观测设施的长期性、连续性、稳定性;e)站址区和主要观测区距离不宜过远。"

4.1.2 条对地点要求:"森林生态站建设地点符合以下条件:a)应按照相关部门批复的建设地点进行建设;b)建设地点应是建站单位产权关系明确的土地和林地,保障森林生态站长期使用;c)应建设在人为因素影响较小的林区;d)应考虑各种观测设施和仪器设备布设的可行性;e)应选择在水、电、通信、交通等条件便利的地区。"

4.1.3 条对分区建设规定:"a)站址区建设:应包括综合实验楼、供水设施、排水设施、供电设施、供暖设施、通信设施、围墙、道路、宽带网络、数据管理设施的建设;……c)辅助区建设:包括连接各观测区的道路、护坡、供电系统、标识系统的建设。"

4.2.1.1 条对站址区划条件规定:"a)站址选择在主观测区附近;b)充分利用已有的水、电、通信、交通、供暖等基础设施;c)应减少林地占用,提高土地利用效率;d)查明站址区地质构造、岩性、抗震、水文、冻土等条件;e)调查水源位置及可靠性;f)站址选择应与当地总体发展规划密切结合。"

3.4　环境监测网络

3.4.1　功能定位

在中国环境监测总站的统一组织下,开展涵盖空气、水、生态、土壤、近岸海域、噪声、污染源等多领域、多要素的环境监测,为生态环境政策提供数据支撑和服务。

3.4.2　空气质量监测点位构成及其分布

我国环境空气质量监测网涵盖国家、省、市、县四个层级。从监测功能上讲,国家环境空气质量监测网涵盖城市环境空气质量监测、区域环境空气质量监测、背景环境空气质量监测、试点城市温室气体监测、酸雨监测、沙尘影响空气质量监测、大气颗粒物组分/光化学监测等。

3.4.2.1　城市点

监测城市地区环境空气质量整体状况和变化趋势,参与城市环境空气质量评价。2012 年,环境保护部在"十一五"国家环境空气监测网基础上,依据有关标准和监测规范,进一步优化调整了监测点位,共计在全国 338 个地级以上城市(含地、州、盟所在城市)设置监测点位 1 436 个(其中含 135 个清洁对照点)。

3.4.2.2　区域点

监测区域范围空气质量状况和污染物区域传输及影响范围,参与区域环境空气质量评价。"十一五"期间,我国建成了 31 个区域(农村)环境空气质量监测站。为进一步扩大国家环境空气质量监测网络的覆盖面,在区域尺度上说清我国环境空气质量,监控重点区域/城市污染物输送特征,同时为区域联防联控及空气质量预警预报提供技术支持,"十二五"期间,我国又在原有区域站基础上再建成 61 个区域环境空气质量监测站。

3.4.2.3　背景点

监测国家或大区域范围的环境空气质量本底水平。已建成山西庞泉沟、内蒙古呼伦贝尔、吉林长白山、福建武夷山、山东长岛、湖北神农架、湖南衡山、广东南岭、海南五指山、海南西沙永兴岛、四川海螺沟、云南丽江、西藏纳木错、青海门源和新疆喀纳斯 15 个背景环境空气质量监测站。

3.4.3　布设原则及要求

2013 年 10 月 1 日,环境保护部颁布实施的《环境空气质量监测点位布设技术规范(试行)》(HJ 664—2013)对环境空气质量监测点位的布设提出了规定和技术要求。

3.4.3.1　环境空气质量监测点位布设原则

《环境空气质量监测点位布设技术规范(试行)》(HJ 664—2013)的 4.1 条对代表性规定:"具有较好的代表性,能客观反映一定空间范围内的环境空气质量水平和变化规律,客观评价城市、区域环境空气状况,污染源对环境空气质量影响,满足为公众提供环境空气状况健康指引的需求。"

4.2 条对可比性规定"同类型监测点设置条件尽可能一致,使各个监测点获取的数据具有可比性。"

4.3 条对整体性规定:"环境空气质量评价城市点应考虑城市自然地理、气象等综合环境因素,以及工业布局、人口分布等社会经济特点,在布局上应反映城市主要功能区和主要大气污染源的空气质量现状及变化趋势,从整体出发合理布局,监测点之间相互协调。"

4.4 条对前瞻性规定:"应结合城乡建设规划考虑监测点的布设,使确定的监测点能兼顾未来城乡空间格局变化趋势。"

4.5 条对稳定性规定:"监测点位置一经确定,原则上不应变更,以保证监测资料的连续性和可比性。"

3.4.3.2　环境空气质量监测点位布设要求

1. 环境空气质量评价城市点

《环境空气质量监测点位布设技术规范(试行)》(HJ 664—2013)的 5.1.1 条规定:"位于各城市的建成区内,并相对均匀分布,覆盖全部建成区。"

5.1.2 条规定:"采用城市加密网格点实测或模式模拟计算的方法,估计所在城市建成区污染物浓度的总体平均值。全部城市点的污染物浓度的算术平均值应代表所在城市建成区污染物浓度的总体平均值。"

5.1.3 条规定:"城市加密网格点实测是指将城市建成区均匀划分为若干加密网格点,单个网格不大于 2 千米×2 千米(面积大于 200 平方千米的城市也可适当放宽网格密度),在每个网格中心或网格线的交点上设置监测点,了解所在城市建成区的污染物整体浓度水平和分布规律,监测项目包括 GB 3095—2012 中规定的 6 项基本项目(可根据监测目的增加监测项目),有效监测天数不少于 15 天。"

2. 环境空气质量评价区域点、背景点

5.2.1 条规定:"区域点和背景点应远离城市建成区和主要污染源,区域点原则上应离开城市建成区和主要污染源 20 千米以上,背景点原则上应离开城市建成区和主要污染源 50 千米以上。"

5.2.2 条规定:"区域点应根据我国的大气环流特征设置在区域大气环流路径上,反映区域大气本底状况,并反映区域间和区域内污染物输送的相互影响。"

5.2.3 条规定:"背景点设置在不受人为活动影响的清洁地区,反映国家尺度空气质量本底水平。"

5.2.4 条规定:"区域点和背景点的海拔高度应合适。在山区应位于局部高点,避免受到局地空气污染物的干扰和近地面逆温层等局地气象条件的影响;在平缓地区应保持在开阔地点的相对高地,避免空气沉积的凹地。"

3. 污染监控点

5.3.1 条规定:"污染监控点原则上应设在可能对人体健康造成影响的污染物高浓度区以及主要固定污染源对环境空气质量产生明显影响的地区。"

5.3.2 条规定:"污染监控点依据排放源的强度和主要污染项目布设,应设置在源的主导风向和第二主导风向(一般采用污染最重季节的主导风向)的下风向的最大落地浓度区内,以捕捉到最大污染特征为原则进行布设。"

5.3.3 条规定:"对于固定污染源较多且比较集中的工业园区等,污染监控点原则上应设置在主导风向和第二主导风向(一般采用污染最重季节的主导风向)的下风向的工业园区边界,兼顾排放强度最大的污染源及污染项目的最大落地浓度。"

5.3.4 条规定:"地方环境保护行政主管部门可根据监测目的确定点位布设原则增设污染监控点,并实时发布监测信息。"

4. 路边交通点

5.4.1 条规定:"对于路边交通点,一般应在行车道的下风侧,根据车流量的大小、车道两侧的地形、建筑物的分布情况等确定路边交通点的位置,采样口距道路边缘距离不得超过 20 米。"

5.4.2条规定:"由地方环境保护行政主管部门根据监测目的确定点位布设原则设置路边交通点,并实时发布监测信息。"

3.4.4 环境空气质量监测点位布设数量要求

《环境空气质量监测点位布设技术规范(试行)》(HJ 644—2013)的6.1条规定:各城市环境空气质量评价城市点的最少监测点位数量应符合表3-2的要求。按建成区城市人口和建成区面积确定的最少监测点位数不同时,取两者中的较大值。

表3-2 环境空气质量评价城市点设置数量要求

建成区城市人口/万人	建成区面积/km^2	最少监测点数
<25	<20	1
25~50	20~50	2
50~100	50~100	4
100~200	100~200	6
200~300	200~400	8
>300	>400	按每50~60 km^2建成区面积设1个监测点,并且不少于10个点

3.5 水文测站

3.5.1 功能定位

《水文站网规划技术导则》(SL 34—2013)的2.3.1条对水文站网的概念进行了规定:"水文站网是在一定地区或流域内,按一定原则,用一定数量的各类水文测站构成的水文资料收集系统。收集某一项目水文资料的水文测站组合在一起,构成该项目的站网,可称为流量站网、水(潮)位站网、泥沙站网、降水量站网、水面蒸发站网、地下水站网、水质站网、墒情站网等。"

2.1.1条对水文测站的定义进行了规定:"水文测站是为经常收集水文信息,在河流、渠道、湖泊、水库或流域内设立的各种水文观测场所的总称。"

水文测站主要开展流量、水位、泥沙、降水量、蒸发、墒情、比降、冰情、水温、地下水、水质、水生态、辅助气象等内容的观测,为水利工程、防汛抗旱等提供重要支撑和服务。

3.5.2 水文测站构成及数量

《水文站网规划技术导则》(SL 34—2013)对水文测站的分类进行了规定,2.1.1条规定:"水文测站按观测项目分为流量站、水(潮)位站、泥沙站、降水量站、水面蒸发站、地下水站、水质站、墒情站等。水文测站按服务功能分为水文基本规律探索、水资源管理、水资源开发利用、水资源保护、防汛、抗旱、水土保持、水利工程运用管理、水生态监测、水文科学实验监测等站类。水文测站按目的和作用分为基本站、实验站、专用站和辅助站。"对于基本站、实验站、专用站和辅助站,《水文站网规划技术导则》(SL 34—2013)2.1.1 条规定:"1)基本站是为公用目的,经统一规划设立,能获取基本水文要素值多年变化资料的水文测站。基本站应保持相对稳定,并进行较长期连续观测。2)实验站是为深入研究某些专门问题而设立的一个或一组水文测站,实验站也可兼作基本站。3)专用站是为特定目的设立的水文测站。专用站设站年限和测验资料的整编、保存应由设立单位确定。4)辅助站是为补充基本站网不足而设置的一个或一组水文测站。"

根据 2020 年全国水文统计年报汇总表数据,全国共有各类水文站点:国家基本水文站 3 265 处,专用水文站 4 492 处,水位站 16 068 处,雨量站 53 392 处,蒸发站 8 处,地下水站 2 748 处,地表水水质站 10 962 处,墒情站 4 218 处,实验站 61 处,报汛报旱站 71 177 处,可发布预报站 2 608 处。

从站网布局看,水文监测覆盖范围不断拓展,填补了中小河流等大量水文监测空白,对水文情势的监控能力不断提升。

水文监测从对大江大河控制延伸到了流域面积在 200~3 000 km² 且有防洪任务的中小河流全覆盖,地下水监测站点和水质监测断面大幅增加,土壤墒情监测覆盖范围显著拓展,初步改变了站点数量不足、分布不平衡、整体功能不完善的状况,基本建成布局合理、功能较强的水文站网体系。

3.5.3　水文站网布局原则

《水文站网规划技术导则》(SL 34—2013)的 1.0.3 条规定:"全国水文站网应实行统一规划。编制水文站网规划,应依据国民经济和社会发展需要,遵循流域与区域相结合、区域服从流域,布局科学、密度合理、功能齐全、结构优化,经济高效、适度超前的原则。"

1.0.4 条规定:"水文站网规划应在单一类型站网规划的基础上,综合考虑各类水文站网之间的相互关联、协调、配套,形成流域或区域内功能齐全的综合水文站网体系。"

2.3.3 条规定:"水文站网在保持相对稳定的同时,应根据自然环境情况、经济社会发展需求和水文技术进步,定期进行分析评价并适时进行调整。"

2.3.4 条规定:"水文站网调整包括水文测站的设立、迁移、撤销,测站级别变动,测验项目增减,测验方式改变等。"

2.3.5 条规定:"水文站网调整应从设站目的和功能要求方面进行分析论证,具体内容包括水文站网控制水文基本规律的变化,满足社会服务功能,流域或区域水沙量计算,涉水工程建设对水文测验的影响,水文测验河段,水文测站位置等方面。"

2.3.6 条规定:"确定水文测站迁移、撤销还应综合考虑设站目的、单站对水文站网整体功能的影响,水文服务社会功能需求、水文气象及下垫面变化、水文测站生产生活条件等实际情况。"

3.6　水土保持监测网络与其他部门监测系统的关系

水土保持监测网络系统具有自身待殊的任务和作用,致力于水土流失因子,水土流失程度、分布、危害和防治效益的监测和评价,为水土流失公告提供基础数据。自然资源、农业、林业等部门,根据各自业务工作的需要,已建立了专业性的监测站网或系统,培养和锻炼了监测队伍,具备了本领域业务的监测能力,在为本行业和国家提供决策信息方面发挥了作用。

水土保持监测网络与其他部门的监测站网的联系与区别主要包括以下三个方面:

(1)互有联系,各负其责。水土保持监测网络与其他部门的监测站网一样,都是专业性质的监测网络,在直接为本行业提供基础数据的同时,也为其他行业提供信息服务,为各级人民政府的宏观决策提供信息。

(2)资源共享,综合监测。水土保持监测网络将充分利用有关行业的监测成果,反映水土流失、生态系统的动态变化,包括国家卫星地面接收站的遥感影像、农业农村部的耕地状况详查结果、林草局的森林植被资料、自然资源部的土地利用监测成果等;同时,增加水土流失及其防治方面特有的监测项目,综合反映水土保持生态环境的动态变化。

(3)标准规范,各有不同。水土保持监测网络建设除数据采集和处理的软硬件外,在技术标准、规程和规范、技术人员的培养和训练、基础数据的整(汇)编、前端数据采集站点的建设等方面,与其他部门的监测内容、方法、技术路线不尽相同。

参考文献

[1] 中国生态系统研究网络(CERN)[EB/OL].(2012-12-19)[2022-04-15].http://www.cas.cn/zt/kjzt/ywtz/ywtzwltx/201212/t20121219-3724232.html.

[2] 于贵瑞,梁飚.世界三大生态网——中国生态系统研究网络(CERN)[J].今日国土,2003(7):28-29,27.

[3] 黄铁青,牛栋.中国生态系统研究网络(CERN):概况、成就和展望[J].地球科学进展,2005(8):895-902.

[4] 于贵瑞,于秀波.中国生态系统研究网络与自然生态系统保护[J].中国科学院院刊,2013,28(2):275-283.

[5] 李伟民,甘先华.国内外森林生态系统定位研究网络的现状与发展[J].广东林业科技,2006(3):104-108.

[6] 刘峰,刘红霞,梁军,等.中国森林生态系统定位研究现状与趋势[J].安徽农学通报,2007(11):89-91.

[7] 王兵,崔向慧,杨锋伟.中国森林生态系统定位研究网络的建设与发展[J].生态学杂志,2004(4):84-91.

[8] 崔向慧.中国森林生态系统定位研究网络[J].林业科学研究,2002(4):449.

[9] 中国森林生态系统定位观测研究网络图[EB/OL].(2021-11-25)[2022-04-15].https://cfern.org/portal/article/index/id/12905/page/1.html.

[10] 国家林业局.国家陆地生态系统定位观测研究网络中长期发展规划(2008—2020年)(修编版)[EB/OL].(2017-11-05)[2022-04-15].https://cfern.org/portal/article/index/id/11993/page/1.html.

[11] 国家市场监督管理总局,国家标准化管理委员会.森林生态系统长期定位观测研究站建设规范: GB/T 40053—2021[S].北京:中国标准出版社,2021.

[12] 中国环境监测总站.国家环境空气质量监测网[EB/OL].(2017-11-08)[2022-04-15].http://www. cnemc. cn/zzjj/jcwl/dqjcwl/201711/t20171108_645109. shtml.

[13] 水利部水文司.2020 年全国水文统计年报汇总表[EB/OL].(2021-09-15)[2022-04-15].http:// www. mwr. gov. cn/sj/tjgb/swxytjnb/202109/t20210915_1544005. html.

[14] 中华人民共和国环境保护部.环境空气质量监测点位布设技术规范(试行):HJ 664—2013[S].北京:中国环境科学出版社,2013.

[15] 中华人民共和国水利部.水文站网规划技术导则:SL 34—2013[S].北京:中国水利水电出版社, 2013.

[16] 赵士洞.国际长期生态研究网络(ILTER)——背景、现状和前景[J].植物生态学报,2001(4):510- 512.

[17] 孙鸿烈,陈宜瑜,于贵瑞,等.国际重大研究计划与中国生态系统研究展望——中国生态大讲堂百期学术演讲暨 2014 年春季研讨会评述[J].地理科学进展,2014,33(7):865-873.

[18] 李智广,刘宪春,喻权刚,等.加强水土保持监测网络建设 健全监测网络运行机制[J].水利发展研究,2008(4):32-36.

[19] 鲁胜力.日本的砂防法制、机构及保障体系建设[J].水土保持科技情报,2002(1):1-4.

第 4 章　我国新时期生态建设及环境监测规划区划

在国家深入推进生态文明建设的新时期,全国生态环境等相关监测网络的规划、布局、设计和建设相关工作,都要立足行业发展需求,遵循国家生态文明建设总体规划。作为生态环境监测网络的重要组成部分,水土保持监测点的规划设计与布局建设,需在深入研究全国主体功能区划分、全国生态功能区划分、全国重要生态系统保护和修复重大工程总体规划布局、全国生态脆弱区保护规划布局等基础上,统筹考虑国家生态保护、治理总体规划,开展整体规划和科学布局,重点关注国家重大战略发展区域、重要生态功能区域、生态脆弱区以及水土流失重点防治区等国家和社会重点关注的区域,以有效支撑国家生态文明建设和国民经济发展。

4.1　全国主体功能区规划

国务院 2010 年 12 月 21 日发布的《全国主体功能区规划》(简称《规划》),是我国首个全国性国土空间开发规划,明确提出要将国土空间开发从占用土地的外延扩张为主,转向调整优化空间结构为主。该《规划》按开发方式将国土空间划分为优化开发区域、重点开发区域、限制开发区域和禁止开发区域,确定了财政、投资、产业、土地、农业、人口、民族、环境、应对气候变化等政策。该《规划》指出,我国陆地国土空间辽阔,但适宜开发的面积少。扣除必须保护的耕地和已有建设用地,今后可用于工业化城镇化开发及其他方面建设的面积只有 28 万 km^2 左右,约占全国陆地国土总面积的 3%,必须走空间节约集约的发展道路。

该《规划》对我国国土空间版图进行了重新勾勒,按开发内容划分,国土空间划分为城市化地区、农产品主产区和重点生态功能区"三大格局"。具体而言,即《规划》确立了未来国土空间开发的主要目标和战略格局:一是构建"两横三纵"为主体的城市化战略格局;二是构建"七区二十三带"为主体的农业战略格局;三是构建"两屏三带"为主体的生态安全战略格局。

4.1.1　主体功能区划分

按开发方式划分,国土空间划分为优化开发、重点开发、限制开发和禁止开发四类主体功能区。优化开发区域是经济比较发达、人口比较密集、开发强度较高、资源环境问题更加突出,从而应该优化进行工业化城镇化开发的城市化地区,包括环渤海、长三角、珠三角三个区域。重点开发区域是有一定经济基础、资源环境承载能力较强、发展潜力较大、集聚人口和经济的条件较好,从而应该重点进行工业化城镇化开发的城市化地区,包括冀中南地区、成渝地区等 18 个区域。限制开发区域分农产品主产区和重点生态功能区两类,农产品主产区主要包括东北平原主产区、黄淮海平原主产区、长江流域主产区等七大优势农产品主产区及其 23 个产业带;重点生态功能区包括大小兴安岭生态功能区等 25 个国家重点生态功能区。禁止开发区域是依法设立的各级各类自然文化资源保护区域,以及其他禁止进行工业化城镇化开发、需要特殊保护的重点生态功能区。国家层面禁止开发区域包括国务院和有关部门正式批准的国家级自然保护区、世界文化自然遗产、国家级风景名胜区、国家森林公园和国家地质公园等。省级层面的禁止开发区域包括省级及以下各级各类自然文化资源保护区域、重要水源以及其他省级人民政府根据需要确定的禁止开发区域。

各类主体功能区,在全国经济社会发展中具有同等重要的地位,只是主体功能不同、开发方式不同、保护内容不同、发展首要任务不同、国家支持重点不同。对城市化地区主要支持其集聚人口和经济,对农产品主产区主要支持其增强农业综合生产能力,对重点生态功能区主要支持其保护和修复生态环境。

4.1.2　国家层面的主体功能区

国家层面的主体功能区是全国"两横三纵"城市化战略格局、"七区二十三带"农业战略格局、"两屏三带"生态安全战略格局的主要支撑。推进形成主体功能区,必须明确国家层面优化开发、重点开发、限制开发、禁止开发四类主体功能区的功能定位、发展目标、发展方向和开发原则。

4.1.2.1　国家优化开发区域

国家优化开发区域的功能定位是:提升国家竞争力的重要区域,带动全国经济社会发展的龙头,全国重要的创新区域,我国在更高层次上参与国际分工及有全球影响力的经济区,全国重要的人口和经济密集区。

国家优化开发区域应率先加快转变经济发展方式,调整优化经济结构,提升参与全球分工与竞争的层次。发展方向和开发原则如下:

(1)优化空间结构。减少工矿建设空间和农村生活空间,适当扩大服务业、交通、城市居住、公共设施空间,扩大绿色生态空间。控制城市蔓延扩张、工业遍地开花和开发区过度分散。

(2)优化城镇布局。进一步健全城镇体系,促进城市集约紧凑发展,围绕区域中心城市明确各城市的功能定位和产业分工,推进城市间的功能互补和经济联系,提高区域的整体竞争力。

(3)优化人口分布。合理控制特大城市主城区的人口规模,增强周边地区和其他城市吸纳外来人口的能力,引导人口均衡、集聚分布。

(4)优化产业结构。推动产业结构向高端、高效、高附加值转变,增强高新技术产业、现代服务业、先进制造业对经济增长的带动作用。发展都市型农业、节水农业和绿色有机农业;积极发展节能、节地、环保的先进制造业,大力发展拥有自主知识产权的高新技术产业,加快发展现代服务业,尽快形成服务经济为主的产业结构。积极发展科技含量和附加值高的海洋产业。

(5)优化发展方式。率先实现经济发展方式的根本性转变。研究与试验发展经费支出占地区生产总值比例明显高于全国平均水平。大力提高清洁能源比例,壮大循环经济规模,广泛应用低碳技术,大幅度降低二氧化碳排放强度,能源和水资源消耗以及污染物排放等标准达到或接近国际先进水平,全部实现垃圾无害化处理和污水达标排放。加强区域环境监管,建立健全区域污染联防联治机制。

(6)优化基础设施布局。优化交通、能源、水利、通信、环保、防灾等基础设施的布局和建设,提高基础设施的区域一体化和同城化程度。

(7)优化生态系统格局。把恢复生态、保护环境作为必须实现的约束性目标。严格控制开发强度,加大生态环境保护投入,加强环境治理和生态修复,净化水系、提高水质,切实严格保护耕地以及水面、湿地、林地、草地和文化自然遗产,保护好城市之间的绿色开敞空间,改善人居环境。

4.1.2.2　国家重点开发区域

国家重点开发区域的功能定位是:支撑全国经济增长的重要增长极,落实区域发展总体战略、促进区域协调发展的重要支撑点,全国重要的人口和经济密集区。

重点开发区域应在优化结构、提高效益、降低消耗、保护环境的基础上推动经济可持续发展;推进新型工业化进程,提高自主创新能力,聚集创新要素,增强产业集聚能力,积极承接国际及国内优化开发区域产业转移,形成分工协作的现代产业体系;加快推进城镇化,壮大城市综合实力,改善人居环境,提高集聚人口的能力;发挥区位优势,加快沿边地区对外开放,加强国际通道和口岸建设,形成我国对外开放新的窗口和战略空间。发展方向和开发原则如下:

(1)统筹规划国土空间。适度扩大先进制造业空间,扩大服务业、交通和城市居住等建设空间,减少农村生活空间,扩大绿色生态空间。

(2)健全城市规模结构。扩大城市规模,尽快形成辐射带动力强的中心城市,发展壮大其他城市,推动形成分工协作、优势互补、集约高效的城市群。

(3)促进人口加快集聚。完善城市基础设施和公共服务,进一步提高城市的人口承载能力,城市规划和建设应预留吸纳外来人口的空间。

(4)形成现代产业体系。增强农业发展能力,加强优质粮食生产基地建设,稳定粮食生产能力。发展新兴产业,运用高新技术改造传统产业,全面加快发展服务业,增强产业配套能力,促进产业集群发展。合理开发并有效保护能源和矿产资源,将资源优势转化为经济优势。

(5)提高发展质量。确保发展质量和效益,工业园区和开发区的规划建设应遵循循环经济的理念,大力提高清洁生产水平,减少主要污染物排放,降低资源消耗和二氧化碳排放强度。

(6)完善基础设施。统筹规划建设交通、能源、水利、通信、环保、防灾等基础设施,构建完善、高效、区域一体、城乡统筹的基础设施网络。

(7)保护生态环境。事先做好生态环境、基本农田等保护规划,减少工业化、城镇化对生态环境的影响,避免出现土地过多占用、水资源过度开发和生态环境压力过大等问题,努力提高环境质量。

(8)把握开发时序。区分近期、中期和远期实施有序开发,近期重点建设好国家批准的各类开发区,对目前尚不需要开发的区域,应作为预留发展空间予以保护。

4.1.2.3　国家限制开发区域(农产品主产区)

国家层面农产品主产区的功能定位是:保障农产品供给安全的重要区域,农村居民安居乐业的美好家园,社会主义新农村建设的示范区。

农产品主产区应着力保护耕地,稳定粮食生产,发展现代农业,增强农业综合生产能力,增加农民收入,加快建设社会主义新农村,保障农产品供给,确保国家粮食安全和食物安全。发展方向和开发原则如下:

(1)加强土地整治,搞好规划、统筹安排、连片推进,加快中低产田改造,推进连片标准粮田建设。鼓励农民开展土壤改良。

(2)加强水利设施建设,加快大中型灌区、排灌泵站配套改造以及水源工程建设。鼓励和支持农民开展小型农田水利设施建设、小流域综合治理。建设节水农业,推广节水灌溉,发展旱作农业。

(3)优化农业生产布局和品种结构,搞好农业布局规划,科学确定不同区域农业发展重点,形成优势突出和特色鲜明的产业带。

(4)国家支持农产品主产区加强农产品加工、流通、储运设施建设,引导农产品加工、流通、储运企业向主产区聚集。

(5)粮食主产区要进一步提高生产能力,主销区和产销平衡区要稳定粮食自给水平。根据粮食产销格局变化,加大对粮食主产区的扶持力度,集中力量建设一批基础条件好、生产水平高、调出量大的粮食生产核心区。在保护生态前提下,开发资源有优势、增产有潜力的粮食生产后备区。

(6)大力发展油料生产,鼓励发挥优势,发展棉花、糖料生产,着力提高品质和单产。转变养殖业发展方式,推进规模化和标准化,促进畜牧和水产品的稳定增产。

(7)在复合产业带内,要处理好多种农产品协调发展的关系,根据不同产品的特点和相互影响,合理确定发展方向和发展途径。

(8)控制农产品主产区开发强度,优化开发方式,发展循环农业,促进农业资源的永续利用。鼓励和支持农产品、畜产品、水产品加工副产物的综合利用。加强农业面源污染防治。

(9)加强农业基础设施建设,改善农业生产条件。加快农业科技进步和创新,提高农业物质技术装备水平。强化农业防灾减灾能力建设。

(10)积极推进农业的规模化、产业化,发展农产品深加工,拓展农村就业和增收空间。

(11)以县城为重点推进城镇建设和非农产业发展,加强县城和乡镇公共服务设施建设,完善小城镇公共服务和居住功能。

(12)农村居民点以及农村基础设施和公共服务设施的建设,要统筹考虑人口迁移等因素,适度集中、集约布局。

4.1.2.4　国家限制开发区域(重点生态功能区)

国家重点生态功能区的功能定位是:保障国家生态安全的重要区域,人与自然和谐相处的示范区。

经综合评价,国家重点生态功能区包括大小兴安岭森林生态功能区等 25 个,国家重点生态功能区名录见表 4-1。总面积约 386 万 km²,占全国陆域国土面积的 40.2%;2008年底总人口约 1.1 亿,占全国总人口的 8.5%。国家重点生态功能区分为水源涵养型、水土保持型、防风固沙型和生物多样性维护型四种类型。

表 4-1　国家重点生态功能区名录

区域	范围	面积/km²	人口/万人
大小兴安岭森林生态功能区	内蒙古自治区:牙克石市、根河市、额尔古纳市、鄂伦春自治旗、阿尔山市、阿荣旗、莫力达瓦达斡尔族自治旗、扎兰屯市 黑龙江省:北安市、逊克县、伊春区、南岔区、友好区、西林区、翠峦区、新青区、美溪区、金山屯区、五营区、乌马河区、汤旺河区、带岭区、乌伊岭区、红星区、上甘岭区、铁力市、通河县、甘南县、庆安县、绥棱县、呼玛县、塔河县、漠河县、加格达奇区、松岭区、新林区、呼中区、嘉荫县、孙吴县、爱辉区、嫩江县、五大连池市、木兰县	346 997	711.7
长白山森林生态功能区	吉林省:临江市、抚松县、长白朝鲜族自治县、浑江区、江源区、敦化市、和龙市、汪清县、安图县、靖宇县 黑龙江省:方正县、穆棱市、海林市、宁安市、东宁县、林口县、延寿县、五常市、尚志市	111 857	637.3
阿尔泰山地森林草原生态功能区	新疆维吾尔自治区:阿勒泰市、布尔津县、富蕴县、福海县、哈巴河县、青河县、吉木乃县(含新疆生产建设兵团所属团场)	117 699	60
三江源草原草甸湿地生态功能区	青海省:同德县、兴海县、泽库县、河南蒙古族自治县、玛沁县、班玛县、甘德县、达日县、久治县、玛多县、玉树县、杂多县、称多县、治多县、囊谦县、曲麻莱县、格尔木市唐古拉山镇	353 394	72.3
若尔盖草原湿地生态功能区	四川省:阿坝县、若尔盖县、红原县	28 514	18.2
甘南黄河重要水源补给生态功能区	甘肃省:合作市、临潭县、卓尼县、玛曲县、碌曲县、夏河县、临夏县、和政县、康乐县、积石山保安族东乡族撒拉族自治县	33 827	155.5
祁连山冰川与水源涵养生态功能区	甘肃省:永登县、永昌县、天祝藏族自治县、肃南裕固族自治县(不包括北部区块)、民乐县、肃北蒙古族自治县(不包括北部区块)、阿克塞哈萨克族自治县、中牧山丹马场、民勤县、山丹县、古浪县 青海省:天峻县、祁连县、刚察县、门源回族自治县	185 194	240.7

续表 4-1

区域	范围	面积/km²	人口/万人
南岭山地森林及生物多样性生态功能区	江西省:大余县、上犹县、崇义县、龙南县、全南县、定南县、安远县、寻乌县、井冈山市 湖南省:宜章县、临武县、宁远县、蓝山县、新田县、双牌县、桂东县、汝城县、嘉禾县、炎陵县 广东省:乐昌市、南雄市、始兴县、仁化县、乳源瑶族自治县、兴宁市、平远县、蕉岭县、龙川县、连平县、和平县 广西壮族自治区:资源县、龙胜各族自治县、三江侗族自治县、融水苗族自治县	66 772	1 234
黄土高原丘陵沟壑水土保持生态功能区	山西省:五寨县、岢岚县、河曲县、保德县、偏关县、吉县、乡宁县、蒲县、大宁县、永和县、隰县、中阳县、兴县、临县、柳林县、石楼县、汾西县、神池县 陕西省:子长县、安塞县、志丹县、吴起县、绥德县、米脂县、佳县、吴堡县、清涧县、子洲县 甘肃省:庆城县、环县、华池县、镇原县、庄浪县、静宁县、张家川回族自治县、通渭县、会宁县 宁夏回族自治区:彭阳县、泾源县、隆德县、盐池县、同心县、西吉县、海原县、红寺堡区	112 050.5	1 085.6
大别山水土保持生态功能区	安徽省:太湖县、岳西县、金寨县、霍山县、潜山县、石台县 河南省:商城县、新县 湖北省:大悟县、麻城市、红安县、罗田县、英山县、孝昌县、浠水县	31 213	898.4
桂黔滇喀斯特石漠化防治生态功能区	广西壮族自治区:上林县、马山县、都安瑶族自治县、大化瑶族自治县、忻城县、凌云县、乐业县、凤山县、东兰县、巴马瑶族自治县、天峨县、天等县 贵州省:赫章县、威宁彝族回族苗族自治县、平塘县、罗甸县、望谟县、册亨县、关岭布依族苗族自治县、镇宁布依族苗族自治县、紫云苗族布依族自治县 云南省:西畴县、马关县、文山县、广南县、富宁县	76 286.3	1 064.6
三峡库区水土保持生态功能区	湖北省:巴东县、兴山县、秭归县、夷陵区、长阳土家族自治县、五峰土家族自治县 重庆市:巫山县、奉节县、云阳县	27 849.6	520.6

续表 4-1

区域	范围	面积/km²	人口/万人
塔里木河荒漠化防治生态功能区	新疆维吾尔自治区:岳普湖县、伽师县、巴楚县、阿瓦提县、英吉沙县、泽普县、莎车县、麦盖提县、阿克陶县、阿合奇县、乌恰县、图木舒克市、叶城县、塔什库尔干塔吉克自治县、墨玉县、皮山县、洛浦县、策勒县、于田县、民丰县(含新疆生产建设兵团所属团场)	453 601	497.1
阿尔金草原荒漠化防治生态功能区	新疆维吾尔自治区:且末县、若羌县(含新疆生产建设兵团所属团场)	336 625	9.5
呼伦贝尔草原草甸生态功能区	内蒙古自治区:新巴尔虎左旗、新巴尔虎右旗	45 546	7.6
科尔沁草原生态功能区	内蒙古自治区:阿鲁科尔沁旗、巴林右旗、翁牛特旗、开鲁县、库伦旗、奈曼旗、扎鲁特旗、科尔沁左翼中旗、科尔沁右翼中旗、科尔沁左翼后旗 吉林省:通榆县	111 202	385.2
浑善达克沙漠化防治生态功能区	河北省:围场满族蒙古族自治县、丰宁满族自治县、沽源县、张北县、尚义县、康保县 内蒙古自治区:克什克腾旗、多伦县、正镶白旗、正蓝旗、太仆寺旗、镶黄旗、阿巴嘎旗、苏尼特左旗、苏尼特右旗	168 048	288.1
阴山北麓草原生态功能区	内蒙古自治区:达尔汗茂明安联合旗、察哈尔右翼中旗、察哈尔右翼后旗、四子王旗、乌拉特中旗、乌拉特后旗	96 936.1	95.8
川滇森林及生物多样性生态功能区	四川省:天全县、宝兴县、小金县、康定县、泸定县、丹巴县、雅江县、道孚县、稻城县、得荣县、盐源县、木里藏族自治县、汶川县、北川县、茂县、理县、平武县、九龙县、炉霍县、甘孜县、新龙县、德格县、白玉县、石渠县、色达县、理塘县、巴塘县、乡城县、马尔康县、壤塘县、金川县、黑水县、松潘县、九寨沟县 云南省:香格里拉县(不包括建塘镇)、玉龙纳西族自治县、福贡县、贡山独龙族怒族自治县、兰坪白族普米族自治县、维西傈僳族自治县、勐海县、勐腊县、德钦县、泸水县(不包括六库镇)、剑川县、金平苗族瑶族傣族自治县、屏边苗族自治县	302 633	501.2

续表 4-1

区域	范围	面积/km²	人口/万人
秦巴生物多样性生态功能区	湖北省:竹溪县、竹山县、房县、丹江口市、神农架林区、郧西县、郧县、保康县、南漳县 重庆市:巫溪县、城口县 四川省:旺苍县、青川县、通江县、南江县、万源市 陕西省:凤县、太白县、洋县、勉县、宁强县、略阳县、镇巴县、留坝县、佛坪县、宁陕县、紫阳县、岚皋县、镇坪县、镇安县、柞水县、旬阳县、平利县、白河县、周至县、南郑县、西乡县、石泉县、汉阴县 甘肃省:康县、两当县、迭部县、舟曲县、武都区、宕昌县、文县	140 004.5	1 500.4
藏东南高原边缘森林生态功能区	西藏自治区:墨脱县、察隅县、错那县	97 750	5.8
藏西北羌塘高原荒漠生态功能区	西藏自治区:班戈县、尼玛县、日土县、革吉县、改则县	494 381	11
三江平原湿地生态功能区	黑龙江省:同江市、富锦市、抚远县、饶河县、虎林市、密山市、绥滨县	47 727	142.2
武陵山区生物多样性与水土保持生态功能区	湖北省:利川市、建始县、宣恩县、咸丰县、来凤县、鹤峰县 湖南省:慈利县、桑植县、泸溪县、凤凰县、花垣县、龙山县、永顺县、古丈县、保靖县、石门县、永定区、武陵源区、辰溪县、麻阳苗族自治县 重庆市:西阳土家族苗族自治县、彭水苗族土家族自治县、秀山土家族苗族自治县、武隆县、石柱土家族自治县	65 571	1 137.3
海南岛中部山区热带雨林生态功能区	海南省:五指山市、保亭黎族苗族自治县、琼中黎族苗族自治县、白沙黎族自治县	7 119	74.6
总计	436 个县级行政区	3 858 797	11 354.7

注:青海省格尔木市唐古拉镇为乡级行政单位,不计入县级行政单位数。

4.1.2.5 国家禁止开发区域

国家禁止开发区域的功能定位是:我国保护自然文化资源的重要区域,珍稀动植物基因资源保护地。

根据法律法规和有关方面的规定,国家禁止开发区域共 1 443 处,总面积约 120 万km²,占全国陆域国土面积的 12.5%。今后新设立的国家级自然保护区、世界文化自然遗产、国家级风景名胜区、国家森林公园、国家地质公园,自动进入国家禁止开发区域名录。

4.2　全国生态功能区划(修编版)

生态功能区划是根据区域生态系统格局、生态环境敏感性与生态系统服务功能空间分异规律,将区域划分成不同生态功能的地区。全国生态功能区划是以全国生态调查评估为基础,综合分析确定不同地域单元的主导生态功能,制订全国生态功能分区方案。全国生态功能区划是实施区域生态分区管理、构建国家和区域生态安全格局的基础,为全国生态保护与建设规划、维护区域生态安全、促进社会经济可持续发展与生态文明建设提供科学依据。环境保护部和中国科学院 2008 年发布的《全国生态功能区划》在生态保护工作中发挥了重要作用。随着经济社会的快速发展、生态保护工作的加强,《全国生态功能区划》已不能适应新时期生态安全与保护的形势。为此,环境保护部和中国科学院决定,以 2014 年完成的全国生态环境十年变化(2000~2010 年)调查与评估为基础,由中国科学院生态环境研究中心负责对《全国生态功能区划》进行修编,完善全国生态功能区划方案,修订重要生态功能区的布局。新修编的《全国生态功能区划》包括 3 大类、9 个类型和242 个生态功能区。确定 63 个重要生态功能区,覆盖我国陆域国土面积的 49.4%。新修编的《全国生态功能区划》进一步强化生态系统服务功能保护的重要性,加强了与《全国主体功能区规划》的衔接,对构建科学合理的生产空间、生活空间和生态空间,保障国家和区域生态安全具有十分重要的意义。

4.2.1　生态系统空间特征

我国地处欧亚大陆东南部,位于北纬 4°15′~53°31′、东经 73°34′~135°5′,自北向南有寒温带、温带、暖温带、亚热带和热带 5 个气候带。地貌类型十分复杂,由西向东形成三大阶梯,第一阶梯是号称"世界屋脊"的青藏高原,平均海拔在 4 000 m 以上;第二阶梯是从青藏高原的北缘和东缘到大兴安岭—太行山—巫山—雪峰山一线之间,海拔为 1 000~2 000 m;第三阶梯为我国东部地区,海拔在 500 m 以下。我国气候和地势特征奠定了我国森林、灌丛、草地、湿地、荒漠、农田、城镇等各类陆地生态系统发育与演变的自然基础,以及我国社会经济发展的空间格局。

4.2.1.1　森林生态系统

我国森林面积为 190.8 万 km^2,森林覆盖率为 20.2%。我国森林生态系统主要分布在我国湿润、半湿润地区,其中东北、西南与东南地区森林面积较大,从北到南依次分布的典型森林生态系统类型有寒温带针叶林、温带针阔叶混交林、暖温带落叶阔叶林、亚热带常绿阔叶林和温性针叶林、热带季雨林、雨林等。

4.2.1.2　灌丛生态系统

我国灌丛面积为 69.2 万 km^2,占我国陆域国土面积的 7.3%,主要类型有阔叶灌丛、针叶灌丛和稀疏灌丛。其中,阔叶灌丛集中分布于华北及西北山地,以及云贵高原和青藏高原等地,针叶灌丛主要分布于川藏交界高海拔区及青藏高原,稀疏灌丛多见于塔克拉玛干、腾格里等荒漠地区。

4.2.1.3　草地生态系统

我国草地包括草甸、草原、草丛,面积为 283.7 万 km^2,占全国陆域国土面积的 30.0%。温带草甸主要分布于内蒙古东部,高寒草甸主要分布在青藏高原东部。温带草原主要分布于内蒙古高原、黄土高原北部和松嫩平原西部,温带荒漠草原主要分布在内蒙古西部与新疆北部,高寒草原与高寒荒漠草原主要分布在青藏高原西部与西北部。草丛主要分布在我国东部湿润地区。

4.2.1.4　湿地生态系统

我国湿地类型丰富,湿地总面积为 35.6 万 km^2,居亚洲第一位、世界第四位,并拥有独特的青藏高原高寒湿地生态系统类型。在自然湿地中,沼泽湿地 15.2 万 km^2,河流湿地 6.5 万 km^2,湖泊湿地 13.9 万 km^2。

4.2.1.5　荒漠生态系统

我国荒漠主要分布在西北干旱区和青藏高原北部,降水稀少、蒸发强烈、极端干旱的地区,总面积为 127.7 万 km^2,约占全国陆域国土面积的 13.5%,包括沙漠、戈壁、荒漠裸岩等类型。

4.2.1.6　农田生态系统

我国是农业大国,农田生态系统包括耕地与园地,面积为 181.6 万 km^2,占全国陆域国土面积的 19.2%,主要分布在东北平原、华北平原、长江中下游平原、珠江三角洲、四川盆地等区域。耕地包括水田和旱地,其中水田以水稻为主,旱地以小麦、玉米、大豆和棉花等为主。园地包括乔木园地和灌木园地,乔木园地主要包括果园以及海南、云南等地热作园,灌木园地主要包括我国南方广泛分布的茶园。

4.2.1.7　城镇生态系统

全国城镇生态系统面积为 25.4 万 km^2,占陆域国土面积的 2.7%,主要分布在中东部的京津冀、长江三角洲、珠江三角洲、辽东南、胶东半岛、成渝地区、长江中游等地区。

由于数千年的开发历史和巨大的人口压力,我国各类生态系统受到不同程度的开发、干扰和破坏。生态系统退化,涵养水源、防风固沙、调蓄洪水、保持土壤、保护生物多样性等生态系统服务功能明显降低,并由此带来一系列生态问题,区域生态安全面临严重威胁。

4.2.2　生态敏感性评价

生态敏感性是指一定区域发生生态问题的可能性和程度,用来反映人类活动可能造成的生态后果。生态敏感性的评价内容包括水土流失敏感性、沙漠化敏感性、冻融侵蚀敏感性、石漠化敏感性 4 个方面。根据各类生态问题的形成机制和主要影响因素,分析各地域单元的生态敏感性特征,按敏感程度划分为极敏感、高度敏感、中度敏感、低敏感 4 个等级。

主要生态问题的极敏感和高度敏感分布特征简介如下。

4.2.2.1　水土流失敏感性

我国水土流失敏感性主要受地形、降水量、土壤性质和植被的影响。全国水土流失敏感区总面积为 173.15 万 km^2,其中极敏感区域面积为 12.9 万 km^2,占全国陆域国土面积的 1.4%，主要分布在黄土高原、吕梁山、横断山区、念青唐古拉山脉以及西南喀斯特地区。高度敏感区面积为 23.3 万 km²，占全国陆域国土面积的 2.4%，主要分布在太行山区、大青山、陇南地区、秦岭-大巴山区、四川盆地周边、川滇干热河谷、滇中和滇西地区、藏东南、南方红壤区，以及天山山脉、昆仑山脉局部地区。水土流失极敏感和高度敏感地区通常也是滑坡、泥石流易发生区。

4.2.2.2　沙漠化敏感性

我国沙漠化敏感性主要受干燥度、大风日数、土壤性质和植被覆盖的影响。全国沙漠化敏感区总面积为 182.3 万 km²，主要集中分布在降水量稀少、蒸发量大的干旱、半干旱地区。其中，沙漠化极敏感区域面积为 124.6 万 km²，主要分布在塔里木盆地、塔克拉玛干沙漠、吐鲁番盆地、巴丹吉林沙漠和腾格里沙漠、柴达木盆地、毛乌素沙地等地区及周边地区。沙漠化高度敏感区域主要包括准噶尔盆地、鄂尔多斯高原、阴山山脉以及浑善达克沙地以北地区，面积为 41.1 万 km²。

4.2.2.3　冻融侵蚀敏感性

我国冻融侵蚀敏感性主要受气温、地形，以及冻土、冰川分布的影响。全国冻融侵蚀敏感区总面积为 170.9 万 km²，其中冻融侵蚀极敏感区面积为 0.6 万 km²，主要分布在青藏高原东部、天山高海拔地区；冻融侵蚀高度敏感区面积为 10.3 万 km²，集中分布在阿尔泰山、天山、祁连山北部、昆仑山北部等地。

4.2.2.4　石漠化敏感性

我国西南石漠化敏感性主要受石灰岩分布、岩性与降水的影响。西南石漠化敏感区总面积为 51.6 万 km²，主要分布在西南岩溶地区。极敏感区与高度敏感区交织分布，面积为 2.3 万 km²，集中分布在贵州省西部、南部区域，包括毕节地区、六盘水、安顺西部、黔西南州以及遵义、铜仁地区等，广西百色、崇左、南宁交界处，云南东部文山、红河、曲靖以及昭通等地。川西南峡谷山地、大渡河下游及金沙江下游等地区也有成片分布。

4.2.3　生态系统服务功能及其重要性评价

生态系统服务功能评价的目的是明确全国生态系统服务功能类型、空间分布与重要性格局，以及其对国家和区域生态安全的作用。全国生态系统服务功能分为生态调节功能、产品提供功能与人居保障功能三个类型。生态调节功能主要包括水源涵养、生物多样性保护、土壤保持、防风固沙、洪水调蓄等维持生态平衡、保障全国和区域生态安全等方面的功能；产品提供功能主要包括提供农产品、畜产品、林产品等功能；人居保障功能主要是指满足人类居住需要和城镇建设的功能，主要区域包括大都市群和重点城镇群等。生态系统服务功能重要性评价是根据生态系统结构、过程与生态系统服务功能的关系，分析生态系统服务功能特征，按其对全国和区域生态安全的重要性程度分为极重要、较重要、中等重要、一般重要 4 个等级。

主要类型生态系统服务功能的极重要和较重要分布区特征简介如下。

4.2.3.1　生态调节功能

1. 水源涵养

水源涵养重要区是指我国河流与湖泊的主要水源补给区和源头区。其中，极重要区面积为 151.8 万 km^2，主要包括大兴安岭、长白山、太行山-燕山、浙闽丘陵、秦岭-大巴山区、武陵山区、南岭山区、海南中部山区、川西北高原区、三江源、祁连山、天山、阿尔泰山等地区。较重要区面积为 101.6 万 km^2，分布于藏东南、昆仑山、横断山区、滇西及滇南地区等地。

2. 生物多样性保护

生物多样性重要区是指国家重要保护动植物的集中分布区，以及典型生态系统分布区。我国生物多样性保护极重要区域面积为 200.8 万 km^2，主要包括大兴安岭、秦岭-大巴山区、天目山区、浙闽山地、武夷山区、南岭山地、武陵山区、岷山-邛崃山区、滇南、滇西北高原、滇东南、海南中部山区、滨海湿地、藏东南等地区，以及鄂尔多斯高原、锡林郭勒与呼伦贝尔草原区等。生物多样性保护较重要区面积为 107.6 万 km^2，主要包括松潘高原及甘南地区、羌塘高原、大别山区、长白山以及小兴安岭等地区。

3. 土壤保持

土壤保持的重要性评价主要考虑生态系统减少水土流失的能力及其生态效益。全国土壤保持的极重要区域面积为 63.8 万 km^2，主要分布在黄土高原、太行山区、秦岭-大巴山区、祁连山区、环四川盆地丘陵区，以及西南喀斯特地区等区域；较重要区域面积为 76.4 万 km^2，主要分布在川西高原、藏东南、海南中部山区以及南方红壤丘陵区。

4. 防风固沙

防风固沙重要性评价主要考虑生态系统预防土地沙化、降低沙尘暴危害的能力与作用。全国防风固沙极重要区主要分布在内蒙古浑善达克沙地、科尔沁沙地、毛乌素沙地、鄂尔多斯高原、阿拉善高原、塔里木河流域和准噶尔盆地等区域，面积为 30.6 万 km^2。防风固沙较重要区主要分布在呼伦贝尔草原、京津风沙源区、河西走廊、阴山北部、河套平原、宁夏中部等区域，面积为 44.1 万 km^2。

5. 洪水调蓄

洪水调蓄重要性评价主要考虑湖泊、沼泽等生态系统具有滞纳洪水、调节洪峰的能力与作用。全国防洪蓄洪重要区域面积为 18.2 万 km^2，主要集中在一、二级河流下游蓄洪区，包括淮河、长江、松花江中下游的湖泊湿地等，主要有洞庭湖、鄱阳湖、江汉湖群，以及洪泽湖等湖泊湿地。

4.2.3.2 **产品提供功能**

产品提供功能主要是指提供粮食、油料、肉、奶、水产品、棉花、木材等农林牧渔业初级产品生产方面的功能。根据国家商品粮基地分布特征，主要有南方高产商品粮基地、黄淮海平原商品粮基地、东北商品粮基地和西北干旱区商品粮基地。南方高产商品粮基地包括长江三角洲、江汉平原、鄱阳湖平原、洞庭湖平原和珠江三角洲；黄淮河平原商品粮基地包括苏北和皖北两个地区；东北商品粮基地包括三江平原和松嫩平原、吉林省中部平原及辽宁省中部平原地区。我国的粮食主产区，如东北平原、华北平原、长江中下游平原、四川盆地等，同时也是水果、肉、蛋、奶等畜产品的主要生产区。水产品主产区主要分布在长江中下游和沿海地区。我国人工林主要分布在小兴安岭、长江中下游丘陵、广东东部、四川东部丘陵、黔东南丘陵、云南中部丘陵等地区。我国畜牧业发展区主要分布在内蒙古自治区东部草甸草原、青藏高原高寒草甸、高寒草原，以及新疆天山北部草原等地区。

4.2.3.3　人居保障功能

根据我国经济发展与城市建设布局,我国人居保障重要功能区主要包括大都市群、重点城镇群。大都市群主要包括京津冀大都市群、长三角大都市群和珠三角大都市群。重点城镇群主要包括辽中南城镇群、胶东半岛城镇群、中原城镇群、关中城镇群、成都城镇群、武汉城镇群、长株潭城镇群和海峡西岸城镇群等。

4.2.4　生态功能区类型及概述

将全国生态功能区按主导生态系统服务功能归类,分析各类生态功能区的空间分布特征、面临的问题和保护方向,形成全国陆域生态功能区(见表4-2)。

表 4-2　全国陆域生态功能区类型统计

主导生态系统服务功能		生态功能区/个	面积/万 km²	面积比例/%
生态 调节	水源涵养	47	256.85	26.86
	生物多样性保护	43	220.84	23.09
	土壤保持	20	61.40	6.42
	防风固沙	30	198.95	20.80
	洪水调蓄	8	4.89	0.51
产品 提供	农产品提供	58	180.57	18.88
	林产品提供	5	10.90	1.14
人居 保障	大都市群	3	10.84	1.13
	重点城镇群	28	11.04	1.15
合计		242	956.29	100

注:本区划不含香港、澳门和台湾,其面积合计为 3.71 万 km²。

4.2.4.1　水源涵养生态功能区

全国共划分水源涵养生态功能区 47 个,面积共计 256.9 万 km²,占全国陆域国土面积的 26.9%。其中,对国家和区域生态安全具有重要作用的水源涵养生态功能区主要包括大兴安岭、秦岭-大巴山区、大别山区、南岭山地、闽南山地、海南中部山区、川西北、三江源地区、甘南山地、祁连山、天山等。

该类型区的主要生态问题:人类活动干扰强度大;生态系统结构单一,生态系统质量低,水源涵养功能衰退;森林资源过度开发、天然草原过度放牧等导致植被破坏、水土流失与土地沙化严重;湿地萎缩、面积减少;冰川后退,雪线上升。

该类型区的生态保护主要方向:

(1)对重要水源涵养区建立生态功能保护区,加强对水源涵养区的保护与管理,严格保护具有重要水源涵养功能的自然植被,限制或禁止各种损害生态系统水源涵养功能的经济社会活动和生产方式,如无序采矿、毁林开荒、湿地和草地开垦、过度放牧、道路建设等。

(2)继续加强生态保护与恢复,恢复与重建水源涵养区森林、草地、湿地等生态系统,提高生态系统的水源涵养能力。坚持自然恢复为主,严格限制在水源涵养区大规模人工造林。

(3)控制水污染,减轻水污染负荷,禁止导致水体污染的产业发展,开展生态清洁小流域的建设。

(4)严格控制载畜量,实行以草定畜,在农牧交错区提倡农牧结合,发展生态产业,培育替代产业,减轻区内畜牧业对水源和生态系统的压力。

4.2.4.2　生物多样性保护生态功能区

全国共划分生物多样性保护生态功能区 43 个,面积共计 220.8 万 km^2,占全国陆域国土面积的 23.1%。其中,对国家和区域生态安全具有重要作用的生物多样性保护生态功能区主要包括秦岭-大巴山地、浙闽山地、武陵山地、南岭地区、海南中部、滇南山地、藏东南、岷山-邛崃山区、滇西北、羌塘高原、三江平原湿地、黄河三角洲湿地、苏北滨海湿地、长江中下游湖泊湿地、东南沿海红树林等。

该类型区的主要生态问题:人口增加以及农业和城镇扩张,交通、水电水利设施建设、矿产资源开发、过度放牧、生物资源过度利用、外来物种入侵等,导致生物资源退化,以及森林、草原、湿地等自然栖息地遭到破坏,栖息地破碎化严重;生物多样性受到严重威胁,部分野生动植物物种濒临灭绝。

该类型区生态保护的主要方向:

(1)开展生物多样性资源调查与监测,评估生物多样性保护状况、受威胁原因。

(2)禁止对野生动植物进行滥捕、乱采、乱猎。

(3)保护自然生态系统与重要物种栖息地,限制或禁止各种损害栖息地的经济社会活动和生产方式,如无序采矿、毁林开荒、湿地和草地开垦、道路建设等。防止生态建设导致栖息环境的改变。

(4)加强对外来物种入侵的控制,禁止在生物多样性保护功能区引进外来物种。

(5)实施国家生物多样性保护重大工程,以生物多样性重要功能区为基础,完善自然保护区体系与保护区群的建设。

4.2.4.3　土壤保持生态功能区

全国共划分土壤保持生态功能区 20 个,面积共计 61.4 万 km^2,占全国陆域国土面积的 6.4%。其中,对国家和区域生态安全具有重要作用的土壤保持生态功能区主要包括黄土高原、太行山地、三峡库区、南方红壤丘陵区、西南喀斯特地区、川滇干热河谷等。

该类型区的主要生态问题:不合理的土地利用,特别是陡坡开垦、森林破坏、草原过度放牧,以及交通建设、矿产开发等人为活动,导致地表植被退化、水土流失加剧和石漠化危害严重。

该类型区生态保护的主要方向:

(1)调整产业结构,加速城镇化和新农村建设的进程,加快农业人口的转移,降低人口对生态系统的压力。

(2)全面实施保护天然林、退耕还林、退牧还草工程,严禁陡坡垦殖和过度放牧。

(3)开展石漠化区域和小流域综合治理,协调农村经济发展与生态保护的关系,恢复和重建退化植被。

（4）在水土流失严重并可能对当地或下游造成严重危害的区域实施水土保持工程，进行重点治理。

（5）严格资源开发和建设项目的生态监管，控制新的人为水土流失。

（6）发展农村新能源，保护自然植被。

4.2.4.4　防风固沙生态功能区

全国划分防风固沙生态功能区 30 个，面积共计 199.0 万 km²，占全国陆域国土面积的 20.8%。其中，对国家和区域生态安全具有重要作用的防风固沙生态功能区主要包括呼伦贝尔草原、科尔沁沙地、阴山北部、鄂尔多斯高原、黑河中下游、塔里木河流域，以及环京津风沙源区等。

该类型区的主要生态问题：过度放牧、草原开垦、水资源严重短缺与水资源过度开发导致植被退化、土地沙化、沙尘暴等。

该类型区生态保护的主要方向：

（1）在沙漠化极敏感区和高度敏感区建立生态功能保护区，严格控制放牧和草原生物资源的利用，禁止开垦草原，加强植被恢复和保护。

（2）调整传统的畜牧业生产方式，大力发展草业，加快规模化圈养牧业的发展，控制放养对草地生态系统的损害。

（3）积极推进草畜平衡科学管理办法，限制养殖规模。

（4）实施防风固沙工程，恢复草地植被，大力推进调整产业结构，退耕还草，退牧还草等措施。

4.2.4.5　洪水调蓄生态功能区

全国共划分洪水调蓄生态功能区 8 个，面积共计 4.9 万 km²，占全国陆域国土面积的 0.5%。其中，对国家和区域生态安全具有重要作用的洪水调蓄生态功能区主要包括淮河中下游湖泊湿地、江汉平原湖泊湿地、长江中下游洞庭湖、鄱阳湖、皖江湖泊湿地等。这些区域同时也是我国重要的水产品提供区。

该类型区的主要生态问题：湖泊泥沙淤积严重、湖泊容积减小、调蓄能力下降；围垦造成沿江沿河的重要湖泊、湿地萎缩；工业废水、生活污水、农业面源污染、淡水养殖等导致湖泊污染加剧。

该类型区生态保护的主要方向：

（1）加强洪水调蓄生态功能区的建设，保护湖泊、湿地生态系统，退田还湖，平垸行洪，严禁围垦湖泊湿地，增加调蓄能力。

（2）加强流域治理，恢复与保护上游植被，控制水土流失，减少湖泊、湿地萎缩。

（3）控制水污染，改善水环境。

（4）发展避洪经济，处理好蓄洪与经济发展之间的矛盾。

4.2.4.6　农产品提供功能区

农产品提供功能区主要是指以提供粮食、肉类、蛋、奶、水产品和棉、油等农产品为主的长期从事农业生产的地区，包括全国商品粮基地和集中联片的农业用地，以及畜产品和水产品提供的区域。全国共划分农产品提供功能区 58 个，面积共计 180.6 万 km²，占全国陆域国土面积的 18.9%，集中分布在东北平原、华北平原、长江中下游平原、四川盆地、东南沿海平原地区、汾渭谷地、河套灌区、宁夏灌区、新疆绿洲等商品粮集中生产区,以及内蒙古东部草甸草原、青藏高原高寒草甸、新疆天山北部草原等重要畜牧业区。

该类型区的主要生态问题:农田侵占、土壤肥力下降、农业面源污染严重;在草地畜牧业区,过度放牧,草地退化、沙化,抵御灾害能力低。

该类型区生态保护的主要方向:

(1)严格保护基本农田,培养土壤肥力。

(2)加强农田基本建设,增强抗自然灾害的能力。

(3)加强水利建设,大力发展节水农业;种养结合,科学施肥。

(4)发展无公害农产品、绿色食品和有机食品;调整农业产业和农村经济结构,合理组织农业生产和农村经济活动。

(5)在草地畜牧业区,要科学确定草场载畜量,实行季节畜牧业,实现草畜平衡;草地封育改良相结合,实施大范围轮封轮牧制度。

4.2.4.7　林产品提供功能区

林产品提供功能区主要是指以提供林产品为主的林区。全国共划分林产品提供功能区 5 个,面积 10.9 万 km²,占全国陆域国土面积的 1.1%,集中分布在小兴安岭、长江中下游丘陵、四川东部丘陵等人工林集中区。

该类型区的主要生态问题:林区过量砍伐,蓄积量低,森林质量低,生态系统服务功能退化。

该类型区生态保护的主要方向:

(1)加强速生丰产林区的建设与管理,合理采伐,实现采育平衡,协调木材生产与生态功能保护的关系。

(2)改善农村能源结构,减小对林地的压力。

4.2.4.8　大都市群

大都市群主要指我国人口高度集中的城市群,主要包括:京津冀大都市群、珠三角大都市群和长三角大都市群生态功能区 3 个,面积共计 10.8 万 km²,占全国陆域国土面积的 1.1%。

该类型区的主要生态问题:城市无限制扩张,生态承载力严重超载,生态功能低,污染严重,人居环境质量下降。

该类型区生态保护的主要方向:

(1)加强城市发展规划,控制城市规模,合理布局城市功能组团。

(2)加强生态城市建设,大力调整产业结构,提高资源利用效率,控制城市污染,推进循环经济和循环社会的建设。

4.2.4.9　重点城镇群

重点城镇群指我国主要城镇、工矿集中分布区域,主要包括:哈尔滨城镇群、长吉城镇群、辽中南城镇群、太原城镇群、鲁中城镇群、青岛城镇群、中原城镇群、武汉城镇群、昌九城镇群、长株潭城镇群、海峡西岸城镇群、海南北部城镇群、重庆城镇群、成都城镇群、北部湾城镇群、滇中城镇群、关中城镇群、兰州城镇群、乌昌石城镇群。全国共有重点城镇群生态功能区 28 个,面积共计 11.0 万 km²,占全国陆域国土面积的 1.2%。

该类型区的主要生态问题：城镇无序扩张，城镇环境污染严重，环保设施严重滞后，城镇生态功能低下，人居环境恶化。

该类型区的生态保护主要方向：

(1)以生态环境承载力为基础，规划城市发展规模、产业方向。

(2)建设生态城市，优化产业结构，发展循环经济，提高资源利用效率。

(3)加快城市环境保护基础设施建设，加强城乡环境综合整治。

(4)城镇发展坚持以人为本，从长计议，节约资源，保护环境，科学规划。

4.2.5　全国重要生态功能区

根据各生态功能区对保障国家与区域生态安全的重要性，以水源涵养、生物多样性保护、土壤保持、防风固沙和洪水调蓄 5 类主导生态调节功能为基础，确定 63 个重要生态系统服务功能区(简称重要生态功能区)。各重要生态功能区的名称、主导功能和辅助功能见表 4-3。

表 4-3　全国重要生态功能区

序号	重要生态功能区名称	水源涵养	生物多样性保护	土壤保持	防风固沙	洪水调蓄
1	大兴安岭水源涵养与生物多样性保护重要区	++	++	++		+
2	长白山区水源涵养与生物多样性保护重要区	++	++	++		
3	辽河源水源涵养重要区	++		+	+	
4	京津冀北部水源涵养重要区	++		+		
5	太行山区水源涵养与土壤保持重要区	++		++	+	
6	大别山水源涵养与生物多样性保护重要区	++	++	+		
7	天目山-怀玉山区水源涵养与生物多样性保护重要区	++	++	++		
8	罗霄山脉水源涵养与生物多样性保护重要区	++	++	+		
9	闽南山地水源涵养重要区	++		+		
10	南岭山地水源涵养与生物多样性保护重要区	++	++	++		
11	云开大山水源涵养重要区	++		+		
12	西江上游水源涵养与土壤保持重要区	++		++		
13	大娄山区水源涵养与生物多样性保护重要区	++	++	++		

续表 4-3

序号	重要生态功能区名称	水源涵养	生物多样性保护	土壤保持	防风固沙	洪水调蓄
14	川西北水源涵养与生物多样性保护重要区	++	++	+	+	
15	甘南山地水源涵养重要区	++	+			
16	三江源水源涵养与生物多样性保护重要区	++	++		++	
17	祁连山水源涵养重要区	++	+	+	++	
18	天山水源涵养与生物多样性保护重要区	++	++		+	
19	阿尔泰山地水源涵养与生物多样性保护重要区	++	+		+	
20	帕米尔-喀喇昆仑山地水源涵养与生物多样性保护重要区	++	++	+		
21	小兴安岭生物多样性保护重要区	+	++			
22	三江平原湿地生物多样性保护重要区		++			++
23	松嫩平原生物多样性保护与洪水调蓄重要区	+	++			++
24	辽河三角洲湿地生物多样性保护重要区		++			
25	黄河三角洲湿地生物多样性保护重要区		++			
26	苏北滨海湿地生物多样性保护重要区		++			
27	浙闽山地生物多样性保护与水源涵养重要区	++	++	+		
28	武夷山-戴云山生物多样性保护重要区	++	++	++		
29	秦岭-大巴山生物多样性保护与水源涵养重要区	++	++	++		
30	武陵山区生物多样性保护与水源涵养重要区	++	++	++		
31	大瑶山地生物多样性保护重要区	++	++	+		
32	海南中部生物多样性保护与水源涵养重要区	++	++	+		
33	滇南生物多样性保护重要区	+	++	+		
34	无量山-哀牢山生物多样性保护重要区	++	++			

续表 4-3

序号	重要生态功能区名称	水源涵养	生物多样性保护	土壤保持	防风固沙	洪水调蓄
35	滇西山地生物多样性保护重要区	+	++	+		
36	滇西北高原生物多样性保护与水源涵养重要区	++	++	+		
37	岷山-邛崃山-凉山生物多样性保护与水源涵养重要区	++	++	++		
38	藏东南生物多样性保护重要区	++	++	+		
39	珠穆朗玛峰生物多样性保护与水源涵养重要区	++	++			
40	藏西北羌塘高原生物多样性保护重要区		++		++	
41	阿尔金山南麓生物多样性保护重要区		++		++	
42	西鄂尔多斯-贺兰山-阴山生物多样性保护与防风固沙重要区	+	++		++	
43	准噶尔盆地东部生物多样性保护与防风固沙重要区		++		++	
44	准噶尔盆地西部生物多样性保护与防风固沙重要区		++		++	
45	东南沿海红树林保护重要区		++			
46	黄土高原土壤保持重要区	+	+	++	+	
47	鲁中山区土壤保持重要区	+		++		
48	三峡库区土壤保持重要区	+	+	++		++
49	西南喀斯特土壤保持重要区	+	+	++		
50	川滇干热河谷土壤保持重要区		+	++		
51	科尔沁沙地防风固沙重要区		+		++	
52	呼伦贝尔草原防风固沙重要区		+		++	
53	浑善达克沙地防风固沙重要区		+		++	
54	阴山北部防风固沙重要区		++		++	
55	鄂尔多斯高原防风固沙重要区				++	
56	黑河中下游防风固沙重要区				++	
57	塔里木河流域防风固沙重要区				++	
58	江汉平原湖泊湿地洪水调蓄重要区		+			++

续表 4-3

序号	重要生态功能区名称	水源涵养	生物多样性保护	土壤保持	防风固沙	洪水调蓄
59	洞庭湖洪水调蓄与生物多样性保护重要区		++			++
60	鄱阳湖洪水调蓄与生物多样性保护重要区		++			++
61	皖江湿地洪水调蓄重要区		+			++
62	淮河中游湿地洪水调蓄重要区					++
63	洪泽湖洪水调蓄重要区					++

注:+表示该项功能较重要;++表示该项功能极重要。

4.3　全国重要生态系统保护和修复重大工程总体规划(2021~2035年)

2020年6月3日,国家发展和改革委员会、自然资源部发布《全国重要生态系统保护和修复重大工程总体规划(2021~2035年)》(发改农经〔2020〕837号),这是生态保护和修复领域第一个综合性规划,是推进全国重要生态系统保护和修复重大工程的指导性文件,是编制和实施有关重大工程建设规划的主要依据。

4.3.1　规划目标

到2035年,通过大力实施重要生态系统保护和修复重大工程,全面加强生态保护和修复工作,全国森林、草原、荒漠、河湖、湿地、海洋等自然生态系统状况实现根本好转,生态系统质量明显改善,生态服务功能显著提高,生态稳定性明显增强,自然生态系统基本实现良性循环,国家生态安全屏障体系基本建成,优质生态产品供给能力基本满足人民群众需求,人与自然和谐共生的美丽画卷基本绘就。森林覆盖率达到26%,森林蓄积量达到210亿 m^3 ,天然林面积保有量稳定在2亿 hm^2 左右,草原综合植被盖度达到60%;确保湿地面积不减少,湿地保护率提高到60%;新增水土流失综合治理面积5 640万 hm^2 ,75%以上的可治理沙化土地得到治理;海洋生态恶化的状况得到全面扭转,自然海岸线保有率不低于35%;以国家公园为主体的自然保护地占陆域国土面积的18%以上,濒危野生动植物及其栖息地得到全面保护。

要立足各地经济社会发展阶段,准确聚焦重点问题,明确阶段目标任务,科学把握重大工程推进节奏和实施力度,促进形成可持续的长效建管机制。2020年底前,由相关部门依据《全国重要生态系统保护和修复重大工程总体规划(2021~2035年)》编制各项重大工程专项建设规划,与《全国重要生态系统保护和修复重大工程总体规划(2021~2035年)》形成全国重要生态系统保护和修复重大工程"1+N"规划体系;2021~2025年,着重抓好国家重点生态功能区、生态保护红线、重点国家级自然保护地等区域的生态保护和修复,解决一批重点区域的核心生态问题;2026～2035年,各项重大工程全面实施,为建设美丽中国、基本实现社会主义现代化奠定坚实生态基础。

4.3.2　总体布局

贯彻落实主体功能区战略,以国家生态安全战略格局为基础,以国土空间规划确定的国家重点生态功能区、生态保护红线、国家级自然保护地等为重点,突出对京津冀协同发展、长江经济带发展、粤港澳大湾区建设、海南全面深化改革开放、长三角一体化发展、黄河流域生态保护和高质量发展等国家重大战略的生态支撑,在统筹考虑生态系统的完整性、地理单元的连续性和经济社会发展的可持续性,并与相关生态保护与修复规划衔接的基础上,将全国重要生态系统保护和修复重大工程规划布局在青藏高原生态屏障区、黄河重点生态区(含黄土高原生态屏障)、长江重点生态区(含川滇生态屏障)、东北森林带、北方防沙带、南方丘陵山地带、海岸带等重点区域。

4.3.3　重要生态系统保护和修复重大工程

4.3.3.1　青藏高原生态屏障区生态保护和修复重大工程

大力实施草原保护修复、河湖和湿地保护恢复、天然林保护、防沙治沙、水土保持等工程。若尔盖草原湿地、阿尔金草原荒漠等严格落实草原禁牧和草畜平衡,通过补播改良、人工种草等措施加大退化草原治理力度;加强河湖、湿地保护修复,稳步提高高原湿地、江河源头水源涵养能力;加强森林资源管护和中幼林抚育,在河滩谷地开展水源涵养林和水土保持林等防护林体系建设;加强沙化土地封禁保护,采用乔灌草结合的生物措施及沙障等工程措施促进防沙固沙及水土保持;加强对冰川、雪山的保护和监测,减少人为扰动;加强野生动植物栖息地生境保护恢复,连通物种迁徙扩散生态廊道;加快推进历史遗留矿山生态修复。

4.3.3.2　黄河重点生态区(含黄土高原生态屏障)生态保护和修复重大工程

大力开展水土保持和土地综合整治、天然林保护、三北等防护林体系建设、草原保护修复、沙化土地治理、河湖与湿地保护修复、矿山生态修复等工程。完善黄河流域水沙调控、水土流失综合防治、防沙治沙、水资源合理配置和高效利用等措施,开展小流域综合治理,建设以梯田和淤地坝为主的拦沙减沙体系,持续实施治沟造地,推进塬区固沟保塬、坡面退耕还林、沟道治沟造地、沙区固沙还灌草,提升水土保持功能,有效遏制水土流失和土地沙化;大力开展封育保护,加强原生林草植被和生物多样性保护,禁止开垦利用荒山荒坡,开展封山禁牧和育林育草,提升水源涵养能力;推进水蚀风蚀交错区综合治理,积极培育林草资源,选择适生的乡土植物,营造多树种、多层次的区域性防护林体系,统筹推进退耕还林还草和退牧还草,加大退化草原治理,开展林草有害生物防治,提升林草生态系统质量;开展重点河湖、黄河三角洲等湿地保护与恢复,保证生态流量,实施地下水超采综合治理,开展滩区土地综合整治;加快历史遗留矿山生态修复。

4.3.3.3　长江重点生态区(含川滇生态屏障)生态保护和修复重大工程

大力实施河湖和湿地保护修复、天然林保护、退耕还林还草、防护林体系建设、退田

(圩)还湖还湿、草原保护修复、水土流失和石漠化综合治理、土地综合整治、矿山生态修复等工程。保护修复洞庭湖、鄱阳湖等长江沿线重要湖泊和湿地,加强洱海、草海等重要高原湖泊保护修复,推动长江岸线生态恢复,改善河湖连通性;开展长江上游天然林公益林建设,加强长江两岸造林绿化,全面完成宜林荒山造林,加强森林质量精准提升,推进国家储备林建设,打造长江绿色生态廊道;实施生物措施与工程措施相结合的综合治理,全面改善严重石漠化地区生态状况;大力开展矿山生态修复,解决重点区域历史遗留矿山生态破坏问题;保护珍稀濒危水生生物,强化极小种群、珍稀濒危野生动植物栖息地和候鸟迁徙路线保护,严防有害生物危害。

4.3.3.4　东北森林带生态保护和修复重大工程

大力实施天然林保护、退耕还林还草还湿、森林质量精准提升、草原保护修复、湿地保护恢复、小流域水土流失防控与土地综合整治等工程。持续推进天然林保护和后备资源培育,逐步开展被占林地森林恢复,实施退化林修复,加强森林经营和战略木材储备,通过近自然经营促进森林正向演替,逐步恢复顶级森林群落;加强林草过渡带生态治理,防治土地沙化;加强候鸟迁徙沿线重点湿地保护,开展退化河湖、湿地修复,提高河湖连通性;加强东北虎、东北豹等旗舰物种生境保护恢复,连通物种迁徙扩散生态廊道。

4.3.3.5　北方防沙带生态保护和修复重大工程

大力实施三北防护林体系建设、天然林保护、退耕还林还草、草原保护修复、水土流失综合治理、防沙治沙、河湖和湿地保护恢复、地下水超采综合治理、矿山生态修复和土地综合整治等工程。坚持以水定绿、乔灌草相结合,开展大规模国土绿化,大力实施退化林修复;加强沙化土地封禁保护,加快建设锁边防风固沙体系和防风防沙生态林带,强化禁垦(樵、牧、采)、封沙育林育草、网格固沙障等建设,控制沙漠南移;落实草原禁牧休牧轮牧和草畜平衡,实施退牧还草和种草补播,统筹开展退化草原、农牧交错带已垦草原修复;保护修复永定河、白洋淀等重要河湖、湿地,保障重要河流生态流量及湖泊、湿地面积;加强有害生物防治,减少灾害损失;加快推进历史遗留矿山生态修复,解决重点区域历史遗留矿山环境破坏问题。

4.3.3.6　南方丘陵山地带生态保护和修复重大工程

大力实施天然林保护、防护林体系建设、退耕还林还草、河湖湿地保护修复、石漠化治理、损毁和退化土地生态修复等工程。加强森林资源管护和森林质量精准提升,推进国家储备林建设,提高森林生态系统结构完整性;通过封山育林育草等措施,减轻石漠化和水土流失程度;加强水生态保护修复;开展矿山生态修复和土地综合整治;加强珍稀濒危野生动物、苏铁等极小种群植物及其栖息地保护修复,开展有害生物灾害防治。

4.3.3.7　海岸带生态保护和修复重大工程

推进"蓝色海湾"整治,开展退围还海还滩、岸线岸滩修复、河口海湾生态修复、红树林、珊瑚礁、柽柳等典型海洋生态系统保护修复、热带雨林保护、防护林体系等工程建设,加强互花米草等外来入侵物种灾害防治。重点提升粤港澳大湾区和渤海、长江口、黄河口等重要海湾、河口生态环境,推进陆海统筹、河海联动治理,促进近岸局部海域海洋水动力条件恢复;维护海岸带重要生态廊道,保护生物多样性;恢复北部湾典型滨海湿地生态系统结构和功能;保护海南岛热带雨林和海洋特有动植物及其生境,加强海南岛水生态保护修复,提升海岸带生态系统服务功能和防灾减灾能力。

4.3.3.8　自然保护地建设及野生动植物保护重大工程

落实党中央、国务院关于建立以国家公园为主体的自然保护地体系的决策部署,切实加强三江源、祁连山、东北虎豹、大熊猫、海南热带雨林、珠峰等各类自然保护地保护管理,强化重要自然生态系统、自然遗迹、自然景观和濒危物种种群保护,构建重要原生生态系统整体保护网络,整合优化各类自然保护地,合理调整自然保护地范围并勘界立标,科学划定自然保护地功能分区;根据管控规则,分类有序解决重点保护地域内的历史遗留问题,逐步对核心保护区内原住居民实施有序搬迁和退出耕地还林还草还湖还湿;强化主要保护对象及栖息生境的保护恢复,连通生态廊道;构建智慧管护监测系统,建立健全配套基础设施及自然教育体验网络;开展野生动植物资源普查和动态监测,建设珍稀濒危野生动植物基因保存库、救护繁育场所,完善古树名木保护体系。

4.3.3.9　生态保护和修复支撑体系重大工程

加强生态保护和修复基础研究、关键技术攻关以及技术集成示范推广与应用,加大重点实验室、生态定位研究站等科研平台建设。构建国家和地方相协同的"天空地"一体化生态监测监管平台和生态保护红线监管平台。加强森林草原火灾预防和应急处置、有害生物防治能力建设,提升基层管护站点建设水平,完善相关基础设施。建设海洋生态预警监测体系,提升海洋防灾减灾能力。实施生态气象保障重点工程,增强气象监测预测能力及对生态保护和修复的服务能力。

4.4　全国生态脆弱区保护规划纲要

2008 年 9 月 27 日,环境保护部印发《全国生态脆弱区保护规划纲要》。这是加强生态脆弱区保护、控制生态退化、恢复生态系统功能、改善生态环境质量和落实《全国生态功能区划》的具体措施,是我国第一个专门指导生态脆弱区保护工作的长期规划。

4.4.1　生态脆弱区特征及其空间分布

生态脆弱区也称生态交错区(Ecotone),是指两种不同类型生态系统交界过渡区域。这些交界过渡区域生态环境条件与两个不同生态系统核心区域有明显的区别,是生态环境变化明显的区域,已成为生态保护的重要领域。

4.4.1.1　生态脆弱区基本特征

1. 系统抗干扰能力弱

生态脆弱区生态系统结构稳定性较差,对环境变化反映相对敏感,容易受到外界的干扰发生退化演替,而且系统自我修复能力较弱,自然恢复时间较长。

2. 对全球气候变化敏感

生态脆弱区生态系统中,环境因子与生物因子均处于相变的临界状态,对全球气候变化反应灵敏。具体表现为气候持续干旱,植被旱生化现象明显,生物生产力下降,自然灾害频发等。

3. 时空波动性强

时空波动性是生态系统的自身不稳定性在时空尺度上的位移。在时间上表现为气候要素、生产力等在季节和年际间的变化;在空间上表现为系统生态界面的摆动或状态类型的变化。

4. 边缘效应显著

生态脆弱区具有生态交错带的基本特征,因处于不同生态系统之间的交接带或重合区,是物种相互渗透的群落过渡区和环境梯度变化明显区,具有显著的边缘效应。

5. 环境异质性高

生态脆弱区的边缘效应使区内气候、植被、景观等相互渗透,并发生梯度突变,导致环境异质性增大。具体表现为植被景观破碎化、群落结构复杂化、生态系统退化明显、水土流失加重等。

4.4.1.2　生态脆弱区的空间分布

我国生态脆弱区主要分布在北方干旱半干旱区、南方丘陵区、西南山地区、青藏高原区及东部沿海水陆交接地区,行政区域涉及黑龙江、内蒙古、吉林、辽宁、河北、山西、陕西、宁夏、甘肃、青海、新疆、西藏、四川、云南、贵州、广西、重庆、湖北、湖南、江西、安徽等21个省(区、市),主要类型包括如下。

1. 东北林草交错生态脆弱区

该区主要分布于大兴安岭山地和燕山山地森林外围与草原接壤的过渡区域,行政区域涉及内蒙古呼伦贝尔市、兴安盟、通辽市、赤峰市和河北省承德市、张家口市等部分县(旗、市、区)。生态环境脆弱性表现为:生态过渡带特征明显、群落结构复杂、环境异质性大、对外界反应敏感等。重要生态系统类型包括:北极泰加林、沙地樟子松林,疏林草甸、草甸草原、典型草原、疏林沙地、湿地、水体等。

2. 北方农牧交错生态脆弱区

该区主要分布于年降水量300~450 mm、干燥度1.0~2.0北方干旱半干旱草原区,行政区域涉及蒙、吉、辽、冀、晋、陕、宁、甘等8省(区)。生态环境脆弱性表现为:气候干旱,水资源短缺,土壤结构疏松,植被覆盖度低,容易受风蚀、水蚀和人为活动的强烈影响。重要生态系统类型包括:典型草原、荒漠草原、疏林沙地、农田等。

3. 西北荒漠绿洲交接生态脆弱区

该区主要分布于河套平原及贺兰山以西,新疆天山南北广大绿洲边缘区,行政区域涉及新、甘、青、蒙等地区。生态环境脆弱性表现为:典型荒漠绿洲过渡区,呈非地带性岛状或片状分布,环境异质性大,自然条件恶劣,年降水量少、蒸发量大,水资源极度短缺,土壤瘠薄,植被稀疏,风沙活动强烈,土地荒漠化严重。重要生态系统类型包括:高山亚高山冻原、高寒草甸、荒漠胡杨林、荒漠灌丛以及珍稀、濒危物种栖息地等。

4. 南方红壤丘陵山地生态脆弱区

该区主要分布于我国长江以南红土层盆地及红壤丘陵山地,行政区域涉及浙、闽、赣、湘、鄂、苏等6省。生态环境脆弱性表现为:土层较薄,肥力瘠薄,人为活动强烈,土地严重过垦,土壤质量下降明显,生产力逐年降低;丘陵坡地林木资源砍伐严重,植被覆盖度低,暴雨频繁,强度大,地表水蚀严重。重要生态系统类型包括:亚热带红壤丘陵山地森林、热性灌丛及草山草坡植被生态系统,亚热带红壤丘陵山地河流湿地水体生态系统。

5.西南岩溶山地石漠化生态脆弱区

该区主要分布于我国西南石灰岩岩溶山地区域,行政区域涉及川、黔、滇、渝、桂等省(市)。生态环境脆弱性表现为:全年降水量大,融水侵蚀严重,而且岩溶山地土层薄,成土过程缓慢,加之过度砍伐山体林木资源,植被覆盖度低,造成严重水土流失,山体滑坡、泥石流灾害频繁发生。重要生态系统类型包括:典型喀斯特岩溶地貌景观生态系统,喀斯特森林生态系统,喀斯特河流、湖泊水体生态系统,喀斯特岩溶山地特有和濒危动植物栖息地等。

6.西南山地农牧交错生态脆弱区

该区主要分布于青藏高原向四川盆地过渡的横断山区,行政区域涉及四川阿坝、甘孜、凉山等州,云南省迪庆、丽江、怒江以及黔西北六盘水等40余个县(市)。生态环境脆弱性表现为:地形起伏大、地质结构复杂,水热条件垂直变化明显,土层发育不全,土壤瘠薄,植被稀疏;受人为活动的强烈影响,区域生态退化明显。重要生态系统类型包括:亚热带高山针叶林生态系统,亚热带高山峡谷区热性灌丛草地生态系统,亚热带高山高寒草甸及冻原生态系统,河流水体生态系统等。

7.青藏高原复合侵蚀生态脆弱区

该区主要分布于雅鲁藏布江中游高寒山地沟谷地带、藏北高原和青海三江源地区等。生态环境脆弱性表现为:地势高寒,气候恶劣,自然条件严酷,植被稀疏,具有明显的风蚀、水蚀、冻蚀等多种土壤侵蚀现象,是我国生态环境十分脆弱的地区之一。重要生态系统类型包括:高原冰川、雪线及冻原生态系统,高山灌丛化草地生态系统,高寒草甸生态系统,高山沟谷区河流湿地生态系统等。

8.沿海水陆交接带生态脆弱区

该区主要分布于我国东部水陆交接地带,行政区域涉及我国东部沿海诸省(市),典型区域为滨海水线500 m以内、向陆地延伸1~10 km之内的狭长地域。生态环境脆弱性表现为:潮汐、台风及暴雨等气候灾害频发,土壤含盐量高,植被单一,防护效果差。重要生态系统类型包括:滨海堤岸林植被生态系统、滨海三角洲及滩涂湿地生态系统、近海水域水生生态系统等。

4.4.2　规划目标

4.4.2.1　总体目标

到2020年,在生态脆弱区建立起比较完善的生态保护与建设的政策保障体系、生态监测预警体系和资源开发监管执法体系;生态脆弱区40%以上适宜治理的土地得到不同程度的治理,水土流失得到基本控制,退化生态系统基本得到恢复,生态环境质量总体良好;区域可更新资源不断增值,生物多样性保护水平稳步提高;生态产业成为脆弱区的主导产业,生态保护与产业发展有序、协调,区域经济、社会、生态复合系统结构基本合理,系统服务功能呈现持续、稳定态势;生态文明融入社会各个层面,民众参与生态保护的意识明显增强,人与自然基本和谐。

4.4.2.2　阶段目标

近期(2009~2015年)目标:明确生态脆弱区空间分布、重要生态问题及其成因和压力,初步建立起有利于生态脆弱区保护和建设的政策法规体系、监测预警体系和长效监管机制;研究构建生态脆弱区产业准入机制,全面限制有损生态系统健康发展的产业扩张,防止因人为过度干扰产生新的生态退化。到2015年,生态脆弱区战略环境影响评价执行率达到100%,新增治理面积达到30%以上;生态产业示范已在生态脆弱区全面开展。

中远期(2016~2020年)目标:生态脆弱区生态退化趋势已得到基本遏止,人地矛盾得到有效缓减,生态系统基本处于健康、稳定发展状态。到2020年,生态脆弱区40%以上适宜治理的土地得到不同程度的治理,退化生态系统已得到基本恢复,可更新资源不断增值,生态产业已基本成为区域经济发展的主导产业,并呈现持续、强劲的发展态势,区域生态环境已步入良性循环轨道。

4.4.3　重点生态脆弱区建设任务

根据全国生态脆弱区空间分布及其生态环境现状,《全国生态脆弱区保护规划纲要》重点对全国八大生态脆弱区中的19个重点区域进行分区规划建设。

4.4.3.1　东北林草交错生态脆弱区

重点保护区域:大兴安岭西麓山地林草交错生态脆弱重点区域。主要保护对象包括大兴安岭西麓北极泰加林、落叶阔叶林、沙地樟子松林、呼伦贝尔草原、湿地等。

具体保护措施:以维护区域生态完整性为核心,调整产业结构,集中发展生态旅游业,通过北繁南育发展畜牧业,以减轻草地的压力;实施退耕还林还草工程,对已经发生退化或沙化的天然草地,实施严格的休牧、禁牧政策,通过围封改良与人工补播措施恢复植被;强化湿地管理,合理营建沙地灌木林,重点突出生态监测与预警服务,从保护源头遏止生态退化;加大林草过渡区资源开发监管力度,严格执行林草采伐限额制度,控制超强采伐。

4.4.3.2　北方农牧交错生态脆弱区

重点保护区域:辽西以北丘陵灌丛草原垦殖退沙化生态脆弱重点区域,冀北坝上典型草原垦殖退沙化生态脆弱重点区域,阴山北麓荒漠草原垦殖退沙化生态脆弱重点区域,鄂尔多斯荒漠草原垦殖退沙化生态脆弱重点区域。

具体保护措施:实施退耕还林、还草和沙化土地治理为重点,加强退化草场的改良和建设,合理放牧,舍饲圈养,开展以草原植被恢复为主的草原生态建设;垦殖区大力营造防风固沙林和农田防护林,变革生产经营方式,积极发展替代产业和特色产业,降低人为活动对土地的扰动。同时,合理开发、利用水资源,增加生态用水量,建设沙漠地区绿色屏障;对少数沙化严重地区,有计划地生态移民,全面封育保护,促进区域生态恢复。

4.4.3.3　西北荒漠绿洲交接生态脆弱区

重点保护区域:贺兰山及蒙宁河套平原外围荒漠绿洲生态脆弱重点区域,新疆塔里木盆地外缘荒漠绿洲生态脆弱重点区域,青海柴达木高原盆地荒漠绿洲生态脆弱重点区域。

具体保护措施:以水资源承载力评估为基础,重视生态用水,合理调整绿洲区产业结构,以水定绿洲发展规模,限制水稻等高耗水作物的种植;严格保护自然本底,禁止毁林开荒、过度放牧,积极采取禁牧休牧措施,保护绿洲外围荒漠植被。同时,突出生态保育,采取生态移民、禁牧休牧、围封补播等措施,保护高寒草甸和冻原生态系统,恢复高山草甸植被,切实保障水资源供给。

4.4.3.4　南方红壤丘陵山地生态脆弱区

重点保护区域:南方红壤丘陵山地流水侵蚀生态脆弱重点区域,南方红壤山间盆地流水侵蚀生态脆弱重点区域。

具体保护措施:合理调整产业结构,因地制宜种植茶、果等经济树种,增加植被覆盖度;坡耕地实施梯田化,发展水源涵养林,积极推广草田轮作制度,广种优良牧草,发展以草畜沼肥"四位一体"生态农业,改良土壤,减少地表径流,促进生态系统良性循环。同时,强化山地林木植被法制监管力度,全面封山育林、退耕还林;退化严重地段,实施生物措施和工程措施相结合的办法,控制水土流失。

4.4.3.5　西南岩溶山地石漠化生态脆弱区

重点保护区域:西南岩溶山地丘陵流水侵蚀生态脆弱重点区域,西南岩溶山间盆地流水侵蚀生态脆弱重点区域。

具体保护措施:全面改造坡耕地,严格退耕还林、封山育林政策,严禁破坏山体植被,保护天然林资源;开展小流域和山体综合治理,采用补播方式播种优良灌草植物,提高山体林草植被覆盖度,控制水土流失。选择典型地域,建立野外生态监测站,加强区域石漠化生态监测与预警;同时,合理调整产业结构,发展林果业、营养体农业和生态旅游业为主的特色产业,促进地区经济发展;强化生态保护监管力度,快速恢复山体植被,逐步实现石漠化区生态系统的良性循环。

4.4.3.6　西南山地农牧交错生态脆弱区

重点保护区域:横断山高中山农林牧复合生态脆弱重点区域,云贵高原山地石漠化农林牧复合生态脆弱重点区域。

具体保护措施:全面退耕还林还草,严禁樵采、过垦、过牧和无序开矿等破坏植被行为;积极推广封山育林育草技术,有计划、有步骤地营建水土保持林、水源涵养林和人工草地,快速恢复山体植被,全面控制水土流失;同时,加强小流域综合治理,合理利用当地水土资源、草山草坡,利用冬闲田发展营养体农业、山坡地林果业和生态旅游业,降低人为干扰强度,增强区域减灾防灾能力。

4.4.3.7　青藏高原复合侵蚀生态脆弱区

重点保护区域:青藏高原山地林牧复合侵蚀生态脆弱重点区域,青藏高原山间河谷风蚀水蚀生态脆弱重点区域。

具体保护措施:以维护现有自然生态系统完整性为主,全面封山育林,强化退耕还林还草政策,恢复高原山地天然植被,减少水土流失。同时,加强生态监测及预警服务,严格控制雪域高原人类经济活动,保护冰川、雪域、冻原及高寒草甸生态系统,遏制生态退化。

4.4.3.8　沿海水陆交接带生态脆弱区

重点保护区域:辽河、黄河、长江、珠江等滨海三角洲湿地及其近海水域,渤海、黄海、南海等滨海水陆交接带及其近海水域,华北滨海平原内涝盐碱化生态脆弱重点区域。

具体保护措施:加强滨海区域生态防护工程建设,合理营建堤岸防护林,构建近海海岸复合植被防护体系,缓减台风、潮汐对堤岸及近海海域的破坏;合理调整湿地利用结构,全面退耕还湿,重点发展生态养殖业和滨海区生态旅游业;加强湿地及水域生态监测,强化区域水污染监管力度,严格控制污染陆源,防止水体污染,保护滩涂湿地及近海海域生物多样性。

4.5 "十四五"生态环境监测规划

2021年12月28日,生态环境部印发《"十四五"生态环境监测规划》。《"十四五"生态环境监测规划》立足新发展阶段,完整准确全面贯彻新发展理念,服务和融入新发展格局,面向美丽中国建设目标,落实深入打好污染防治攻坚战和推动减污降碳协同增效要求,坚持精准、科学、依法治污方针,以监测先行、监测灵敏、监测准确为导向,以更高标准保证监测数据"真、准、全、快、新"为根基,以健全科学独立权威高效的生态环境监测体系为主线,巩固环境质量监测、强化污染源监测、拓展生态质量监测,全面推进生态环境监测从数量规模型向质量效能型跨越,提高生态环境监测现代化水平,为生态文明建设实现新进步奠定坚实基础。

《"十四五"生态环境监测规划》提出两大方面11项重点任务举措和两项重大工程:一是立足支撑管理,紧紧围绕以生态环境高水平保护推动经济高质量发展,着眼统筹支撑污染治理、生态保护、应对气候变化和集中攻克人民群众身边的生态环境问题,全面谋划碳监测和大气、地表水、地下水、土壤、海洋、声、辐射、新污染物等环境质量监测、生态质量监测、污染源监测业务,推进监测网络陆海天空、地上地下、城市农村协同布局和高效发展,充分发挥生态环境监测的支撑、引领、服务作用。二是立足提升能力,紧紧围绕现代生态环境治理体系建设目标,系统谋划生态环境监测体系改革创新,健全监测与评价制度,加快构建政府主导、部门协同、企业履责、社会参与、公众监督的"大监测"格局,完善体制机制,筑牢数据根基,深化评价应用,激发创新活力,增强内生动力,实施监测网络和机构能力建设重大工程,夯实基础能力,锻造铁军先锋,加快实现生态环境监测现代化。

4.5.1 规划目标

到2025年,政府主导、部门协同、企业履责、社会参与、公众监督的"大监测"格局更加成熟定型,高质量监测网络更加完善,以排污许可制为核心的固定污染源监测监管体系基本形成,与生态环境保护相适应的监测评价制度不断健全,监测数据真实、准确、全面得到有效保证,新技术融合应用能力显著增强,生态环境监测现代化建设取得新成效。

(1)"一张网"智慧感知。环境质量监测站点总体覆盖全部区县和大型工业园区周边,生态质量监测网络建成运行,固定污染源监测覆盖全部纳入排污许可管理的行业和重点排污单位。技术手段多样化、关键技术自主化、主流装备国产化的局面加快形成,监测、监控、执法协同联动。

(2)"一套数"真实准确。覆盖全部监测活动的质量监督体系建立健全,监测标准体系更加协调统一,重点领域量值溯源能力切实加强。监测数据质量责任严格落实,诚信监测理念深入人心,生态环境监测公信力持续提升。

(3)"一体化"综合评估。生态环境监测智慧创新应用加快推进,全国生态环境监测数据集成联网、整合利用、深度挖掘和大数据应用水平大幅提升,生态环境质量监测评价、考核排名、预警监督一体推进。

(4)"一盘棋"顺畅高效。权责清晰、运转高效、多元参与的生态环境监测运行机制基本形成。中央与地方监测事权及支出责任划分明确、落实到位。生态环境监测领域突出短板加快补齐,国家智慧化、省市现代化、市县标准化的监测能力得到新提升。

展望 2035 年,科学、独立、权威、高效的生态环境监测体系全面建成,统一生态环境监测评估制度健全完善,生态环境监测网络高质量综合布局,风险预警能力显著增强;与生态文明相适应的生态环境监测现代化基本实现,监测管理与业务技术水平迈入国际先进行列,为生态环境根本好转和美丽中国建设目标基本实现提供有力支撑。

4.5.2　着眼风险防范,完善土壤和地下水环境监测

4.5.2.1　优化土壤环境监测

分层次、分重点、分时段开展土壤环境例行监测,与土壤污染状况详查普查有序衔接。国家设置土壤环境背景点 2 364 个、基础点 20 063 个,每 5~10 年完成一轮监测,掌握全国土壤环境状况及变化趋势。筛选国家重点关注的土壤环境风险监控点 9 483 个,纳入省级监测网络,每 1~3 年完成一轮监测,及时跟踪土壤环境污染问题。持续开展农产品产地土壤点位监测,满足农产品质量安全保障需求。以土壤重金属污染问题突出区域为重点,兼顾粮食主产区,开展大气重金属沉降、化肥等农业投入品、农田灌溉用水、作物移除等影响土壤环境质量的输入输出因素长期观测,研究支撑土壤污染责任认定和损害赔偿。

各地以土壤污染风险防控为重点,完善土壤环境监测点位,对土壤污染重点监管单位周边土壤环境至少完成一轮监测。探索开展严格管控类耕地种植结构调整等措施实施情况卫星遥感监测。

4.5.2.2　布局地下水环境监测

健全分级分类的地下水环境监测评价体系,支撑地上-地下协同监管。组建国家地下水环境质量考核监测网络,设置 1 912 个监测点位并根据需要适时增补完善,覆盖地级及以上城市、重点风险源和饮用水水源地,国家统一组织监测、质控和评价。联合有关部门组建资源与环境要素协同的地下水监测网,明确数据共享与发布机制。

各地以地下水污染风险防控为重点,加强对地下水型饮用水水源保护区及主要补给径流区、化工石化类工业聚集区周边、矿山地质影响区、农业污灌区等地下水污染风险区域的监测。督促化学品生产企业、矿山开采区、尾矿库、垃圾填埋场、危险废物处置场及工业集聚区依法落实地下水自行监测要求。运用卫星遥感、无人机和现场巡查等手段,对典型污染源(区域)及周边地下水污染开展执法监测。

4.5.3　重大工程

"十四五"期间,围绕"补短板、强弱项、提效能",实施国家生态环境监测网络建设与运行保障、中央本级生态环境监测提质增效两大工程,全面提升天地一体生态环境智慧感知监测预警能力。其中,国家生态环境监测网络建设与运行保障工程主要包括以下内容。

4.5.3.1　实施环境质量监测网络建设项目

以点位增补、指标拓展、功能升级为主要方向,有序开展空气、温室气体、ODS、地表水、海洋、辐射等环境质量监测站点建设改造和仪器设备更新,提升环境质量监测与预警能力。加强黄河流域水生态环境监测能力建设。建立国家监测站点仪器设备更新机制,据实测算、分期更新、规范管理,保障国家监测站点仪器设备的统一可比。

4.5.3.2　实施生态质量监测网络建设项目

整合建设一批陆域及海洋生态质量综合监测站点和样地,配备必要仪器设备,增强生态系统监测和卫星遥感地面验证监测能力。

4.5.3.3　实施生态环境监测网络运行保障项目

保障属于国家生态环境监测网络的 1 734 个城市空气质量监测站、92 个区域空气质量监测站、16 个大气背景监测站、京津冀及周边与汾渭平原大气颗粒物和光化学组分监测站点、3 646 个地表水监测断面、1 946 个地表水自动监测站、重点流域水生态监测断面、22 427 个土壤环境监测点位、1 912 个地下水考核监测点位、1 359 个海洋监测站点、辐射环境质量监测站点、生态质量监测站及监测样地等各类国家监测站点正常运行;保障污染源执法监测以及质量控制、预警应急、星地遥感、数据采集传输等各项监测业务正常运行。

4.6　生态环境监测网络建设方案

2015 年 7 月 26 日,国务院办公厅印发《生态环境监测网络建设方案》,加快推进生态环境监测网络建设。

4.6.1　基本原则

(1)明晰事权、落实责任。依法明确各方生态环境监测事权,推进部门分工合作,强化监测质量监管,落实政府、企业、社会的责任和权利。

(2)健全制度、统筹规划。健全生态环境监测法律法规、标准和技术规范体系,统一规划布局监测网络。

(3)科学监测、创新驱动。依靠科技创新与技术进步,加强监测科研和综合分析,强化卫星遥感等高新技术、先进装备与系统的应用,提高生态环境监测立体化、自动化、智能化水平。

(4)综合集成、测管协同。推进全国生态环境监测数据联网和共享,开展监测大数据分析,实现生态环境监测与监管有效联动。

4.6.2　主要目标

到 2020 年,全国生态环境监测网络基本实现环境质量、重点污染源、生态状况监测全覆盖,各级各类监测数据系统互联共享,监测预报预警、信息化能力和保障水平明显提升,监测与监管协同联动,初步建成陆海统筹、天地一体、上下协同、信息共享的生态环境监测网络,使生态环境监测能力与生态文明建设要求相适应。

4.6.3　全面设点,完善生态环境监测网络

建立统一的环境质量监测网络。环境保护部会同有关部门统一规划、整合优化环境质量监测点位,建设涵盖大气、水、土壤、噪声、辐射等要素,布局合理、功能完善的全国环境质量监测网络,按照统一的标准规范开展监测和评价,客观、准确反映环境质量状况。

健全重点污染源监测制度。各级环境保护部门确定的重点排污单位必须落实污染物排放自行监测及信息公开的法定责任,严格执行排放标准和相关法律法规的监测要求。国家重点监控排污单位要建设稳定运行的污染物排放在线监测系统。各级环境保护部门要依法开展监督性监测,组织开展面源、移动源等监测与统计工作。

加强生态监测系统建设。建立天地一体化的生态遥感监测系统,研制、发射系列化的大气环境监测卫星和环境卫星后续星并组网运行;加强无人机遥感监测和地面生态监测,实现对重要生态功能区、自然保护区等大范围、全天候监测。

参考文献

[1] 环境保护部.关于印发《全国生态功能区划(修编版)》的公告[EB/OL].(2015-11-13)[2022-04-15].https://www.mee.gov.cn/gkml/hbb/bgg/201511/t20151126_317777.htm.

[2] 韩永伟,高吉喜,刘成程.重要生态功能区及其生态服务研究[M].北京:中国环境科学出版社,2012.

[3] 张恒会.《全国主体功能区规划》解读[J].中学政史地(初中适用),2011(Z2):111-112.

[4] 杨海霞.解读全国主体功能区规划 专访国家发展改革委秘书长杨伟民[J].中国投资,2011(4):16-21.

[5] 环境保护部.关于印发《全国生态脆弱区保护规划纲要》的通知[EB/OL].(2008-09-27)[2022-04-16].https://www.mee.gov.cn/gkml/hbb/bwj/200910/t20091022_174613.htm.

[6] 环境保护部.关于印发《"十四五"生态环境监测规划》的通知[EB/OL].(2021-12-28)[2022-04-16].https://www.mee.gov.cn/xxgk2018/xxgk03/202201/t20220121_967927.html.

[7] 国务院办公厅.国务院办公厅关于印发生态环境监测网络建设方案的通知(国办发〔2015〕56号)[EB/OL].(2015-07-26)[2022-04-16].https://www.mee.gov.cn/zcwj/gwywj/20150812_308051.shtml.

第 5 章　新时期水土保持监测站网规划设计

通过全国水土保持监测网络和信息系统建设,全国初步建成了观测场 39 个、控制站 338 个(其中利用水文站 255 个)、径流场 316 个、风蚀监测点 30 个、重力侵蚀监测点 4 个、泥石流监测点 5 个、冻融侵蚀监测点 4 个,水土保持监测数据采集能力明显提高。北京、贵州、江西、河北等省(市)在监测点数据自动观测、实时上报方面,进行了大量的探索和实践,大大提升了监测的自动化水平。长江滑坡泥石流预警系统站点成功预报滑坡、泥石流灾害险情 10 多处,群测群防预报灾害险情和防治处理灾害险情 230 多处,共撤离和转移群众 3.38 万人,避免直接经济损失 2.43 亿元。

与此同时,全国水土保持监测技术队伍也得到了长足的发展,形成了一支专业配套、结构合理的监测技术队伍。目前,我国水土保持监测机构共有人员 2 284 人,其中水利部水土保持监测中心 27 人,七大流域机构水土保持监测中心站 168 人,省级监测中心 530 人,监测分站 1 561 人。其中,博士 35 人,硕士 100 多人;高级工程师 500 多人,工程师 1 500 多人,专业涉及水土保持、水利、农业、林业、地理、遥感和计算机等。加上其他社会服务单位,监测专职从业人员约 5 000 人。通过不断的技术培训,水土保持监测队伍不断壮大,监测能力显著提升。

我国的水土保持监测工作经过十几年的发展,取得了可喜的进展和成就,为国家生态建设宏观决策提供了科学的支持,但与科学发展观的要求还有一定的差距,与加快水土流失防治进程、推进生态文明建设、全面建设小康社会、构建和谐社会和建设创新性国家的迫切需要还不相适应。其主要表现为监测网络建设与经济社会发展的需要不相适应、监测基础设施和服务手段与现代化的要求不相适应、监测信息资源开发和共享程度与信息化的要求不相适应、监测网络管理体制机制与监测工作可持续发展的要求不相适应等方面。

为全面贯彻落实新《中华人民共和国水土保持法》,以实施可持续发展战略和促进经济增长方式转变为中心,以改善生态环境质量和维护国家生态环境安全为宗旨,按照水利部党组可持续治水思路的总体要求,2010 年,水利部水土保持监测中心承担并完成了《全国水土保持监测规划(2011~2030 年)》的编制任务。下面主要介绍《全国水土保持监测规划(2011~2030 年)》中有关水土保持监测站网的内容。

5.1　站网组成及监测点分类

水土保持监测站网由水土保持基本监测点和野外调查单元组成,承担着长期性的地面观测任务,是全国水土保持监测网络的主要数据来源。水土保持基本监测点按照重要性分为重要监测点和一般监测点;按照观测对象分为水力侵蚀监测点、风力侵蚀监测点、冻融侵蚀监测点和混合侵蚀监测点;水力侵蚀监测点按照监测设施分为坡面径流场、小流域控制站和宜利用水文站。野外调查单元是在开展水土保持调查时,采用分层抽样与系统抽样相结合的方法确定闭合小流域或集水区,面积一般为 0.2~3.0 km²。

5.2　水土保持监测点布设原则

考虑到水土保持监测工作的特点,结合现阶段水土保持监测站网运行管理方式,确定监测点布设原则如下。

5.2.1　代表性原则

监测点能够代表不同区域的水土流失状况和主要特征,能够反映出区域内地貌类型、土壤类型、植被类型、气候类型等影响水土流失因素的特征。按照全国水土保持区划划分的 8 个一级分区、41 个二级分区、117 个三级分区进行布设,保证每个三级分区有 1 个监测点。

5.2.2　重点突出原则

水土流失重点预防区和重点治理区,生态脆弱区和生态敏感区要适当加大监测点布设密度。平原区等水土流失不严重的区域要适当降低布设密度。

5.2.3　分层布设原则

重要监测点布设以控制全国 8 个一级分区和 41 个二级分区单元为主,用于全国大尺度的水土保持状况监测评价。一般监测点布设以控制全国 117 个三级区划单元为主,用于区域的水土保持状况监测评价。

5.2.4　利用现有监测点原则

利用现有的水土保持监测点,相关大专院校、科研院所布设的监测点,并注重与水文站网的结合,实现优势互补,资源共享,避免重复投资和重复建设。

5.3　监测点规划

5.3.1　水土保持基本监测点

依据全国水土保持区划结果和监测点布设原则,全国规划建设 784 个水土保持基本监测点。其中,重要监测点 50 个、一般监测点 734 个。按照观测对象分类,水力侵蚀监测点 736 个(含宜利用水文站点 255 个)、风力侵蚀监测点 33 个、冻融侵蚀监测点 6 个、混合侵蚀监测点 9 个。这些监测点在开展一般性常规观测的同时,针对所处的三级区划单元的生态维护、土壤保持、防风固沙、保土蓄水、水质维护、人居环境维护等水土保持功能,也要开展相应的水土保持基本功能的监测活动(见表 5-1、表 5-2)。

表 5-1　全国水土保持监测点规划分省份规划统计

省份	合计						其中									
							一般监测点						重要监测点			
	小计	水蚀	风蚀	冻融	混合	水文站	小计	水蚀	风蚀	冻融	混合	水文站	小计	水蚀	风蚀	冻融
安徽	24	15				9	22	13				9	2	2		
北京	17	15				2	16	14				2	1	1		
新疆生产建设兵团	4	2	2				4	2	2							
福建	15	9				6	14	8				6	1	1		
甘肃	44	29	5		1	9	41	27	4		1	9	3	2	1	
广东	28	14				14	26	12				14	2	2		
广西	28	16				12	27	15				12	1	1		
贵州	25	15			1	9	24	14			1	9	1	1		
海南	9	3				6	8	2				6	1	1		
河北	29	15	1			13	28	14				13	1	1		
河南	34	23				11	33	22				11	1	1		
黑龙江	26	15	2	1		8	24	13	2	1		8	2	2		
湖北	33	26				7	31	24				7	2	2		
湖南	24	14				10	22	12				10	2	2		
吉林	26	17	2			7	24	15	2			7	2	2		
江苏	8	6				2	6	4				2	2	2		
江西	22	15				7	21	14				7	1	1		
辽宁	31	20	1			10	29	18	1			10	2	2		
内蒙古	51	22	7			22	48	20	6			22	3	2	1	
宁夏	15	9	2			4	13	8	1			4	2	1	1	
青海	25	15	1	3		6	23	14	1	2		6	2			1
山东	27	19	1			7	26	18				7	1	1		
山西	37	22	1			14	35	20	1			14	2	2		
陕西	46	25	1		1	19	43	22	1		1	19	3	3		
上海																
四川	46	29		1	3	13	45	28		1	3	13	1	1		
天津	4	3				1	3	2				1	1	1		
西藏	12	7	2	1		2	10	6	2			2	2	1		1

续表 5-1

省份	合计						其中									
							一般监测点						重要监测点			
	小计	水蚀	风蚀	冻融	混合	水文站	小计	水蚀	风蚀	冻融	混合	水文站	小计	水蚀	风蚀	冻融
新疆	20	8	5			7	18	8	3			7	2		2	
云南	37	27			1	9	34	24			1	9	3	3		
浙江	15	13				2	15	13				2				
重庆	22	13			2	7	21	12			2	7	1	1		
合计	784	481	33	6	9	255	734	438	28	4	9	255	50	43	5	2

表 5-2　全国水土保持监测点分区规划统计

二级区划	总计						其中							
							一般监测点					重要监测点		
	小计	水蚀	风蚀	冻融	混合	水文站	水蚀	风蚀	冻融	混合	水文站	水蚀	风蚀	冻融
大小兴安岭山地地区	9	4		2		3	3		1		3	1		
长白山-完达山山地丘陵区	32	24				8	23				8	1		
松辽平原风沙区	6	1	4			1		4			1	1		
东北漫川漫岗区	19	12	1			6	11	1			6	1		
大兴安岭东南山地丘陵区	9	6				3	5				3	1		
呼伦贝尔丘陵平原区	2		1			1					1		1	
内蒙古中部高原丘陵区	7	3	2			2	2	2			2	1		
河西走廊及阿拉善高原区	9		6			3		5			3		1	
北疆山地盆地区	16	9	2			5	9	1			5		1	
南疆山地盆地区	8	1	5			2	1	4			2		1	
辽宁环渤海山地丘陵区	16	9	1			6	8	1			6	1		
燕山及辽西山地丘陵区	37	21	1			15	19	1			15	2		
太行山山地丘陵区	41	24	2			15	23	2			15	1		
泰沂及胶东山地丘陵区	27	19				8	18				8	1		
华北平原区	18	13	1			4	12	1			4	1		
豫西南山地丘陵区	22	16				6	15				6	1		
宁蒙覆沙黄土丘陵区	13	6	3			4	5	2			4	1	1	
晋陕蒙丘陵沟壑区	36	14	1			21	12	1			21	2		
汾渭及晋城丘陵阶地区	22	15				7	14				7	1		
晋陕甘高塬沟壑区	17	15				2	13				2	2		

续表 5-2

二级区划	总计						其中							
							一般监测点					重要监测点		
	小计	水蚀	风蚀	冻融	混合	水文站	水蚀	风蚀	冻融	混合	水文站	水蚀	风蚀	冻融
甘宁青山地丘陵沟壑区	40	28				12	27				12	1		
大别山-桐柏山山地丘陵区	18	15				3	13				3	2		
长江中游丘陵平原区	7	6				1	5				1	1		
江淮丘陵及下游平原区	10	7				3	5				3	2		
江南山地丘陵区	54	36				18	34				18	2		
南岭山地丘陵区	34	16				18	14				18	2		
浙闽山地丘陵区	22	15				7	14				7	1		
华南沿海丘陵台地区	14	9				5	8				5	1		
海南及南海诸岛丘陵台地区	9	3				6	2				6	1		
秦巴山山地区	33	24			2	7	22			2	7	2		
川渝山地丘陵区	49	29			3	17	28			3	17	1		
武陵山山地丘陵区	13	7			1	5	6			1	5	1		
滇北及川西南高山峡谷区	26	18			2	6	17			2	6	1		
滇黔桂山地丘陵区	47	29			1	17	28			1	17	1		
滇西南山地区	7	6				1	5				1	1		
柴达木盆地及昆仑山北麓高原区	7	4	1	1		1	2	1	1		1	2		
若尔盖-江河源高原山地区	14	8		3		3	8		2		3			1
藏东-川西高山峡谷区	6	4				2	3				2	1		
羌塘-藏西南高原区	2		2					2						1
雅鲁藏布河谷及藏南山地区	6	5				1	4				1	1		
合计	784	481	33	6	9	255	438	28	4	9	255	43	5	2

各省(区、市)也要根据本省水土保持区划结果,在全国水土保持监测站网总体布局的基础上,根据各地的水土保持监测工作的需求,适当增加布设水土保持监测点,以满足各地水土保持生态建设的需要。

5.3.1.1 重要监测点

重要监测点是一般布设在国家级水土流失重点防治区,具有区域典型性、代表性和一定示范带动作用的监测点,以提高监测预报水平,促进水土保持信息化建设。依据全国水土保持区划,每个二级区划单元至少布设1个监测点作为水土保持重要监测点。同时,考虑全国水土保持行政管理体制的特点,每个省份至少布设1个重要监测点。若一个二级区划单元内涉及多个省(区、市),则每个省(区、市)至少布设1个监测点,保证每个省(区、市)涉及的二级区划单元都有1个监测点。根据以上需求,全国规划布设重要监测点50个,其中水力侵蚀监测点43个、风力侵蚀监测点5个、冻融侵蚀监测点2个(见

表 5-3）。

表 5-3　全国水土保持重要监测点规划统计

水土保持区划		改造				新建				
		监测点类型及数量				监测点类型及数量				
二级区划名称	省份	小计	水蚀	风蚀	冻融	小计	水蚀	风蚀	冻融	混合
大小兴安岭山地区	黑龙江	1	1							
长白山-完达山山地丘陵区	吉林	1	1							
松辽平原风沙区	吉林	1	1							
东北漫川漫岗区	辽宁					1	1			
大兴安岭东南山地丘陵区	黑龙江					1	1			
呼伦贝尔丘陵平原区	内蒙古					1		1		
内蒙古中部高原丘陵区	内蒙古	1	1							
河西走廊及阿拉善高原区	甘肃	1		1						
北疆山地盆地区	新疆	1		1						
南疆山地盆地区	新疆	1		1						
辽宁环渤海山地丘陵区	辽宁	1	1							
燕山及辽西山地丘陵区	北京	1	1							
	天津	1	1							
太行山山地丘陵区	河北	1	1							
泰沂及胶东山地丘陵区	山东	1	1							
华北平原区	江苏	1	1							
豫西南山地丘陵区	河南	1	1							
宁蒙覆沙黄土丘陵区	宁夏	1		1						
	内蒙古	1	1							
晋陕蒙丘陵沟壑区	山西	1	1							
	陕西	1	1							
汾渭及晋城丘陵阶地区	山西	1	1							
晋陕甘高塬沟壑区	甘肃	1	1							
	陕西	1	1							
甘宁青山地丘陵沟壑区	宁夏	1	1							
大别山-桐柏山山地丘陵区	安徽	1	1							
	湖北	1	1							
长江中游丘陵平原区	湖南	1	1							

续表 5-3

水土保持区划		改造				新建				
		监测点类型及数量				监测点类型及数量				
二级区划名称	省份	小计	水蚀	风蚀	冻融	小计	水蚀	风蚀	冻融	混合
江淮丘陵及下游平原区	安徽	1	1							
	江苏	1	1							
江南山地丘陵区	湖南	1	1							
	江西	1	1							
南岭山地丘陵区	广东	1	1							
	广西	1	1							
浙闽山地丘陵区	福建	1	1							
华南沿海丘陵台地区	广东	1	1							
海南及南海诸岛丘陵台地区	海南	1	1							
秦巴山山地区	陕西	1	1							
	湖北	1	1							
川渝山地丘陵区	四川	1	1							
武陵山山地丘陵区	重庆	1	1							
滇北及川西南高山峡谷区	云南	1	1							
滇黔桂山地丘陵区	贵州	1	1							
滇西南山地区	云南	1	1							
柴达木盆地及昆仑山北麓高原区	青海	1	1							
	甘肃					1	1			
若尔盖–江河源高原山地区	青海	1			1					
藏东–川西高山峡谷区	云南					1		1		
羌塘–藏西南高原区	西藏	1			1					
雅鲁藏布河谷及藏南山地区	西藏	1	1							
合计		45	39	4	2	5	4	1		

5.3.1.2　一般监测点

　　一般监测点是为提高全国水土保持监测网络整体监测预报精度与水平,依托现有水土保持监测站(点)标准改建或新建的监测点。一般监测点数量最多、分布最广,是全国水土保持监测网络的主要数据来源。依据全国水土保持区划的成果,每个三级区划单元至少布设 1 个代表性的监测点。考虑全国水土保持行政管理体制的特点,若一个三级区划单元内涉及多个省(区、市),则每个省(区、市)至少布设 1 个监测点,保证每个省(区、市)涉及的三级区划范围内都有 1 个监测点,而且监测点优先布设在水土流失严重的县(市、旗、区),以保证监测成果的完整性和代表性。根据以上需求,全国规划建设一般监测点 734 个,其中水力侵蚀监测点 693 个(含水文站点 255 个)、风力侵蚀监测点 28 个、冻融侵蚀监测点 4 个、混合侵蚀监测点 9 个(见表 5-4)。

表 5-4　全国水土保持一般监测点规划统计

区划与省份		监测点类型					
三级区划名称	省份	小计	水蚀	风蚀	冻融	混合	水文站
大兴安岭山地水源涵养生态维护区	黑龙江	2			1		1
	内蒙古	2	1				1
小兴安岭山地丘陵生态维护保土区	黑龙江	3	2				1
长白山山地水源涵养减灾区	黑龙江	5	4				1
	吉林	5	3				2
	辽宁	4	3				1
长白山山地丘陵水质维护保土区	黑龙江	3	1				2
	吉林	8	6				2
	辽宁	5	5				
三江平原-兴凯湖生态维护农田防护区	黑龙江	1	1				
松辽平原防沙农田防护区	黑龙江	2		2			
	吉林	1		1			
	内蒙古	2		1			1
东北漫川漫岗土壤保持区	黑龙江	8	5				3
	吉林	10	6	1			3
大兴安岭东南低山丘陵土壤保持区	黑龙江						
	内蒙古	8	5				3
呼伦贝尔丘陵平原防沙生态维护区	内蒙古	1					1
锡林郭勒高原保土生态维护区	内蒙古	2	1				1
蒙冀丘陵保土蓄水区	河北	1	1				
	内蒙古	1		1			
阴山北麓山地高原保土蓄水区	内蒙古	2		1			1
河西走廊农田防护防沙区	甘肃	5		4			1
阿拉善高原山地防沙生态维护区	内蒙古	3		1			2
准噶尔盆地北部水源涵养生态维护区	新疆	2	2				

续表 5-4

区划与省份		监测点类型					
三级区划名称	省份	小计	水蚀	风蚀	冻融	混合	水文站
天山北坡人居环境农田防护区	新疆	5	2				3
	新疆生产建设兵团	1	1				
伊犁河谷减灾蓄水区	新疆	4	3				1
	新疆生产建设兵团	1	1				
吐哈盆地生态维护防沙区	新疆	2		1			1
	新疆生产建设兵团						
塔里木盆地北部农田防护水源涵养区	新疆	3		2			1
	新疆生产建设兵团	1		1			
塔里木盆地南部农田防护防沙区	新疆	1					1
	新疆生产建设兵团	1		1			
塔里木盆地西部农田防护减灾区	新疆	1	1				
辽宁西部丘陵保土拦沙区	辽宁	6	2	1			3
辽东半岛人居环境维护减灾区	辽宁	2	2				
辽河平原人居环境维护农田防护区	辽宁	7	4				3
辽西山地丘陵保土蓄水区	辽宁	5	2				3
	内蒙古	6	4				2
燕山山地丘陵水源涵养生态维护区	北京	10	8				2
	河北	13	5	1			7
	天津	1					1
太行山西北部山地丘陵防沙水源涵养区	河北	4	3				1
	内蒙古	2		1			1
	山西	15	11	1			3
太行山东部山地丘陵水源涵养保土区	北京	5	5				
	河北	7	2				5
	河南	3	1				2
太行山西南部山地丘陵保土水源涵养区	山西	4	1				3
胶东半岛丘陵蓄水保土区	山东	4	4				
鲁中南低山丘陵土壤保持区	江苏	3	1				2
	山东	19	13				6

续表 5-4

区划与省份		监测点类型					
三级区划名称	省份	小计	水蚀	风蚀	冻融	混合	水文站
京津冀城市群人居环境维护农田防护区	北京	1	1				
	河北	1	1				
	天津	1	1				
渤海湾生态维护区	河北	1	1				
	山东	1	1				
	天津	1	1				
黄泛平原防风固沙农田防护区	安徽	1	1				
	河北	1	1				
	河南	2	1				1
	江苏	1	1				
	山东	2	0	1			1
淮北平原岗地农田防护保土区	安徽	3	1				2
	河南	1	1				
	江苏						
豫西黄土丘陵保土蓄水区	河南	13	10				3
伏牛山山地丘陵保土水源涵养区	河南	8	5				3
宁中北丘陵平原防沙生态维护区	宁夏	2		1			1
鄂乌高原丘陵保土蓄水区	内蒙古	2	1				1
阴山山地丘陵蓄水保土区	内蒙古	7	4	1			2
晋西北黄土丘陵沟壑拦沙保土区	山西	10	4				6
陕北黄土丘陵沟壑拦沙保土区	陕西	10	3				7
陕北盖沙丘陵沟壑拦沙防沙区	陕西	2	1	1			0
延安中丘陵沟壑拦沙保土区	陕西	2					2
呼鄂丘陵沟壑拦沙保土区	内蒙古	10	4				6
晋南丘陵阶地保土蓄水区	山西	5	3				2
汾河中游丘陵沟壑保土蓄水区	山西	1	1				
秦岭北麓渭河阶地保土蓄水区	陕西	15	10				5
晋陕甘高塬沟壑保土蓄水区	甘肃	10	10				
	山西						
	陕西	5	3				2

续表 5-4

区划与省份		监测点类型					
三级区划名称	省份	小计	水蚀	风蚀	冻融	混合	水文站
宁南陇东丘陵沟壑蓄水保土区	甘肃	10	8				2
	宁夏	11	8				3
陇中丘陵沟壑蓄水保土区	甘肃	7	4				3
青东甘南丘陵沟壑蓄水保土区	甘肃	3	1				2
	青海	8	6				2
南阳盆地及大洪山丘陵保土农田防护区	河南	1	1				
	湖北	1	1				
桐柏大别山山地丘陵水源涵养保土区	安徽	5	4				1
	河南	3	2				1
	湖北	6	5				1
江汉平原及周边丘陵农田防护人居环境维护区	湖北	5	4				1
洞庭湖丘陵平原农田防护水质维护区	湖北	1	1				
	湖南						
浙沪平原人居环境维护水质维护区	上海						
	浙江	1	1				
太湖丘陵平原水源涵养人居环境维护区	江苏	1	1				
沿江丘陵岗地农田防护人居环境维护区	安徽						
	江苏						
江淮丘陵岗地农田防护保土区	安徽	5	2				3
江淮下游平原农田防护水质维护区	江苏	1	1				
	上海						
湘西南山地保土生态维护区	湖南	4	1				3
湘中低山丘陵保土人居环境维护区	湖南	11	7				4
幕阜山九岭山山地丘陵保土生态维护区	湖北	3	2				1
	江西	4	3				1
赣中低山丘陵土壤保持区	江西	2	1				1
赣南山地土壤保持区	江西	6	4				2
鄱阳湖丘岗平原农田防护水质维护区	江西	3	2				1

续表 5-4

区划与省份		监测点类型					
三级区划名称	省份	小计	水蚀	风蚀	冻融	混合	水文站
浙皖低山丘陵生态水质维护区	安徽	8	5				3
	浙江	3	2				1
浙赣低山丘陵人居环境维护保土区	江西	4	3				1
	浙江	4	4				0
南岭山地水源涵养保土区	广东	3	2				1
	广西	3	1				2
	湖南	2	1				1
	江西	2	1				1
岭南山地丘陵保土水源涵养区	广东	14	5				9
	广西	5	3				2
桂中低山丘陵土壤保持区	广西	3	1				2
浙西南山地保土生态维护区	浙江	3	3				
浙东低山岛屿水质维护人居环境维护区	浙江	4	3				1
闽西北山地丘陵生态维护减灾区	福建	1	1				
闽东北山地保土水质维护区	福建	1	1				
闽西南山地丘陵保土生态维护区	福建	7	2				5
闽东南沿海丘陵平原人居环境维护水质维护区	福建	5	4				1
华南沿海丘陵台地人居环境维护区	广东	9	5				4
	广西	4	3				1
	香港	0	0				0
海南沿海丘陵台地	海南	4	0				4
南海诸岛人居环境维护区	海南	1	1				0
琼中山地水源涵养区	海南	3	1				2
陇南山地保土减灾区	甘肃	5	3			1	1
	四川	1	1				
秦岭南麓水源涵养保土区	陕西	6	2			1	3
大巴山山地保土生态维护区	湖北	8	6				2
	陕西	2	2				
	四川	1	1				
	重庆	3	3				

续表 5-4

区划与省份		监测点类型					
三级区划名称	省份	小计	水蚀	风蚀	冻融	混合	水文站
丹江口水库周边丘陵水质维护保土区	河南	2	1				1
	湖北	2	2				
	陕西	1	1				
龙门山峨眉山山地减灾生态维护区	四川	6	3			1	2
四川盆地北部中部高中丘保土	四川	13	9				4
四川盆地南部中低丘保土区	四川	11	6			1	4
	重庆	1	1				
川渝平行岭谷山地保土人居环境维护区	四川	2	1				1
	重庆	15	8			1	6
鄂渝山地水源涵养保土区	湖北	5	3				2
	重庆	2	0			1	1
湘西北山地低山丘陵水源涵养保土区	湖南	5	3				2
川西南高山峡谷保土减灾区	四川	7	5			1	1
滇北中低山蓄水拦沙区	云南	9	5			1	3
滇西北中高山生态维护区	云南	2	1				1
滇东高原保土人居环境维护区	云南	7	6				1
滇黔川高原山地保土蓄水区	贵州	8	3			1	4
	四川						
	云南	9	6				3
黔中山地土壤保持区	贵州	11	9				2
黔桂山地水源涵养区	广西	2	1				1
	贵州	3	1				2
滇黔桂峰丛洼地蓄水保土区	广西	10	6				4
	贵州	2	1				1
	云南	1	1				0
滇西中低山宽谷生态维护区	云南	1	1				
滇西南中低山保土减灾区	云南	4	3				1
滇南中低山宽谷生态维护区	云南	1	1				
柴达木盆地农田防护防沙区	青海	1					1
青海湖生态维护保土区	青海	3	2	1			

续表 5-4

区划与省份		监测点类型					
三级区划名称	省份	小计	水蚀	风蚀	冻融	混合	水文站
祁连山水源涵养保土区	甘肃						
	青海	1			1		
三江源草原草甸生态维护水源涵养区	青海	10	6		1		3
	四川	1			1		
若尔盖高原草原生态维护水源涵养区	甘肃	1	1				
	四川	1	1				0
藏东高山峡谷生态维护水源涵养区	西藏	3	2				1
	云南						
川西高原高山峡谷生态维护水源涵养区	四川	2	1				1
羌塘藏北高原生态维护区	西藏	1		1			
藏西南高原生态维护防风固沙区	西藏	1		1			
西藏高原中部河谷农田防护区	西藏	4	3				1
西藏高原中部高山河谷农田防护区	西藏	1	1				
藏东南高山峡谷生态维护区	西藏						
合计		734	438	28	4	9	255

5.3.2　土壤侵蚀野外调查单元

野外调查单元是根据土壤侵蚀类型区特点,采用分层抽样与系统抽样相结合的方法确定 0.2~1.0 km² 的闭合小流域或集水区,全国根据 4 级分层划分抽样区,第一级县级抽样区(50 km×50 km)、第二级乡级抽样区(10 km×10 km)、第三级抽样控制区(5 km×5 km)、第四级基本抽样单元(小流域或 1 km×1 km 集水区)。在第三级网格的基础上划分 1 km×1 km 网格,然后在这个网格内选取面积为 0.2~3.0 km² 的调查单元。

各级抽样区域依据公里网划分。网格划分依据高斯-克吕格投影分带方法,将全国地图分成 22 个 3°分带(24~45 带)。在四级基本调查单元上,按合理的抽样密度进行抽样,确定每个 5 km×5 km 的控制区有一个野外调查单元。

在综合分析全国水土流失及其防治情况的基础上,根据水土保持事业的发展,水土保持野外调查单元按全国公里网格布局,水土流失重点治理区抽样密度为 4%,重点预防区抽样密度为 1%,其他地区抽样密度为 0.25%。规划布设野外调查单元 75 846 个。其中,水力侵蚀区 68 155 个、风力侵蚀区 4 924 个、冻融侵蚀区 2 767 个(见表 5-5)。

表 5-5 全国水土流失野外调查单元统计

省份	水蚀	风蚀	冻融侵蚀	合计
北京	205	3		208
天津	26			26
河北	2 174	132		2 306
山西	4 245	167		4 412
内蒙古	7 004	1 709	395	9 108
辽宁	1 941	61		2 002
吉林	2 997	119		3 116
黑龙江	6 393	191	189	6 773
上海	12			12
江苏	226			226
浙江	596			596
安徽	555			555
福建	490			490
江西	1 505			1 505
山东	1 063			1 063
河南	1 819			1 819
湖北	1 905			1 905
湖南	2 565			2 565
广东	758			758
广西	1 312			1 312
海南	83			83
重庆	2 415			2 415
四川	5 703		229	5 932
贵州	4 378			4 378
云南	6 564			6 564
西藏			445	445
陕西	5 244	113		5 357
甘肃	4 834	487	73	5 394
青海	72	308	935	1 315
宁夏	1 071	117		1 188
新疆		1 517	501	2 018
总计	68 155	4 924	2 767	75 846

参考文献

[1] 赵爱军,马力刚.湖北省水土保持监测点建设实践[J].水土保持通报,2009,29(2):117-120,182.

[2] 双瑞.河南省水土保持监测规划布局及运行管理设想[J].水土保持通报,2009,29(2):90-93.

[3] 武平.充分认识水保监测的基础作用履行好法律赋予的行政职能[J].中国水土保持,2005(9):6-8.

[4] 卢刚.新疆水土保持监测站点建设总体规划与布局[J].现代农业科技,2011(19):319-320.

[5] 周晓乐,曹忠杰,何建明,等.辽宁省水土保持监测站点建设总体规划与布局[J].水土保持通报,2009,29(2):86-89.

[6] 徐章文,邢先双.山东省水土保持监测点规划布局与运行管理机制[J].水土保持通报,2009,29(2):32-35,51.

[7] 刘咏梅,杨勤科,王略.水土保持监测基本方法述评[J].水土保持研究,2008(5):221-225.

[8] 姜德文.贯彻"十一五"规划纲要 寻找水土保持发展的新机遇[J].中国水土保持,2006(12):1-2,53.

[9] 李会霞,贾永红.关于基层水保站所发展的几点想法[J].河南水利,2004(4):52.

[10] 唐学文,黄建辉.重庆市水土保持监测工作有关问题及发展思路[J].水土保持通报,2009,29(2):73-75.

[11] 廖章志,陈丽,李长江.贵州水文与水土保持监测资源整合与分析[C]//贵州省生态文明建设学术研讨会论文集.[出版者不详],2008:184-187.

[12] 刘九玉,可素娟,徐建华.水土保持生态环境监测站网合理布局研究[J].水土保持研究,2002(4):113-115,118.

[13] 赵力毅,辛瑛,程鲲,等.黄土高原水土保持监测与数字化管理[J].遥感技术与应用,2006(4):380-384.

[14] 罗勇.依托水文观测站网优化水保监测站设计[J].中国水土保持,2007(11):54-55.

第6章　全国水土保持监测点
优化布局研究及构想

党的十八大以来,以习近平同志为核心的党中央高度重视生态文明建设,将生态文明建设纳入"五位一体"总体布局,对生态文明建设做出了一系列重要指示,陆续出台一系列重要文件,强调要加强水土保持等生态监测站网建设。《中华人民共和国水土保持法》和2015年国务院批复的《全国水土保持规划》(2015~2030年)也对完善全国水土保持监测网络做了规定,需要建设定位精准、分布科学、数量合理、运维有效、支撑有力的水土保持监测站网体系,为国家生态文明建设和经济社会发展、水土流失治理、水土保持监督、水土保持规划及政策制定、水土保持监测、水土保持科研等提供支撑。与水土保持监测点建设初期相比,现在全国水土流失发生了显著变化(水土流失面积由 365 万 km^2 减少到 274 万 km^2),水土流失治理和预防工作形势依然严峻,实施水土流失综合治理和生态文明建设任务仍然十分艰巨。与此同时,国家对全国水土保持区划和重点防治区进行了重新调整,监测点布局的基础条件发生了很大变化。同时,新时代水土保持工作对监测提出新要求,政府决策和目标考核、生态红线预警、重点区域生态建设等都需要监测点数据提供支撑,特别是水利部党组提出的水土保持"监管强手段、治理补短板"的总思路,对监测数据提出了定量、及时和精准的更高要求,原有的监测网络体系布局已经无法适应新时期水土保持工作的要求。新时代水土保持工作对水土保持监测提出了新需求、赋予了新任务,需要通过加强监测点建设、完善监测网络体系、提升监测能力予以支撑。原有的监测网络体系布局已经无法适应新时期水土保持工作的要求,亟待全面开展全国水土保持监测站网优化调整工作。

在对全国水土保持监测点现状进行全面调研了解和深入分析的基础上,研究团队紧密聚焦新时期水土保持高质量发展需求,结合新形势、新任务、新要求,以解决问题、补齐短板和满足需求为根本导向,以测管融合和服务管理为基本定位,按照统一布局、资源共享、科学有效、切实可行的原则,对监测站点空间布局、监测设施设备配置、监测站点建设和观测、监测站点运行管理等内容进行了探索和研究,初步提出了全国水土保持监测站点优化布局的思路、总体方案等,以期为下一步全国水土保持监测站点优化布局工作提供借鉴和参考。

6.1　优化布局目标与原则

6.1.1　总体目标

以支撑新发展阶段生态文明建设和高质量发展为核心,以提供更高质量监测成果、构建更加完善监测体系为重点,对全国水土保持监测点优化布局,完成基本覆盖全国水土保持区划 8 个一级区、40 个二级区、115 个三级区的水土保持监测点布设,构建自动化、信息化和智能化的水土流失监测系统,建成上下联通、内外协同、布局合理、功能完备、系统科学、技术先进的全国水土保持监测体系,开展监测点降水、土壤、植被、地形与径流、泥沙的观测,按照坡面径流场-小流域控制站-中小河流水文站的汇流关系,系统分析降水、土壤、植被、地形等因子与水土流失的关系,评价水土流失量及其防治效果,为掌握水土流失状况、影响及演进规律,建立一整套土壤侵蚀模型,推进智慧水利建设,科学制定水土流失防治方略,满足新时期国家重大战略实施和国家生态文明建设等提供支撑。

6.1.2　具体目标

6.1.2.1　优化监测点空间布局

根据区域代表性、布局合理性等要求,科学确定水土保持监测点功能、类型、数量和分布。依托现有水土保持监测点,适当补充新建,并共享其他行业相关监测点,实现水土保持监测点在全国 8 个一级区、40 个二级区、115 个三级区基本全覆盖。

6.1.2.2　提高监测设备自动化程度

按照统一要求对监测点仪器设备进行配置和更新升级,积极应用先进、实用的自动化观测设备,在气象、径流、泥沙、土壤水分、水土流失量、风蚀量、沙尘水平通量等监测内容方面实现自动化观测,建成集监测数据自动采集、自动存储、自动传输、自动处理于一体的监测网络系统,提高监测工作的自动化程度。

6.1.2.3　提高监测数据智能化分析水平

采用物联网、云计算、大数据、人工智能等新一代信息技术,打造水土保持监测点智能管理分析平台,全面提升水土保持监测数据统一汇集、分级审核、时空管理和智能分析效能等;通过数据综合智能分析、土壤侵蚀协同计算、水土保持模拟仿真等子系统,构建基于一个平台的全国、流域、省级不同尺度的土地利用解译、模型参数计算和土壤侵蚀分析计算系统,按照流域水系拓扑关系,分析计算坡面-沟道-小流域-中小河流的降雨-径流-泥沙关系,为建立流域土壤侵蚀、产(汇)流、水沙预测预报等水土保持数字化场景提供数据支撑。

6.1.2.4　提升监测数据应用服务功能

通过监测点降水、土壤、植被、地形与径流、泥沙关系的系统观测和数据分析,实现对土壤侵蚀模型相关因子参数进行率定、校核,提高因子的区域适应性、准确性和可靠性,优化土壤侵蚀模型,使模型应用更具有区域代表性,更准确地掌握全国水土流失面积、强度和特征等,有效支撑水土保持和生态文明建设。

6.1.3　优化布局原则

6.1.3.1　紧扣需求,统筹规划

紧扣新时期水土保持工作与生态文明建设需求,根据我国水土流失状况和特点,对现有全国水土保持监测点进行优化,明确监测点功能定位,全面提升监测点对行业管理、政府决策和国家生态文明建设的支撑作用。

6.1.3.2　整合资源,分区布设

加强与相关单位合作共建共享,充分依托现有监测点科学选取、完善提高,适当补充新建。针对不同区域水土流失成因和不同土地利用类型特点,以全国水土保持三级区划40个二级区、115个三级区为布设单元,结合国家级水土流失重点防治区、国家和社会关注的重点区域,合理设置监测点,提高监测站点区域代表性、整体协同性、自然真实性、观测科学性和成果可用性。

6.1.3.3　统一规范,提质增效

按照统一的设施设备、标准、方法和要求,开展水土保持监测点规范化建设,明确监测设备性能参数,积极利用先进仪器设备,提高监测点数据采集、存储、传输、处理的自动化和智能化水平,提高监测工作效率和数据质量。

6.1.3.4　明确事权,分级管理

实行统筹建设、分级管理,按照中央事权和地方事权划分的职责分工,开展水土保持监测点建设,确保监测点长期稳定运行。

6.1.3.5　规范管理,强化应用

加强监测点监督指导和定期评估。强化监测点数据审核、汇总、报送、存储和成果应用,利用大数据、云计算等先进技术,充分挖掘监测数据成果价值,增强监测点服务能力,实现观测成果与管理需求有效衔接。

6.2　功能定位与分类分级

6.2.1　水土保持监测点功能定位

目前,全国水土流失年度动态监测工作采用卫星遥感技术已经实现了国土面积全覆盖,通过遥感技术可获得不同土地利用和水土保持措施面积,但水土流失强度、效益等监测要素数据只能依托监测点的定位监测以及在此基础上分析计算才能获得。因此,为了满足生态文明建设和水土流失治理等需求,通过监测点监测达到以下目标,这也是监测点的功能定位。

一是掌握土壤侵蚀状况。通过科学设置监测坡面,连续观测,可率定分析不同水土流失类型区、不同气候条件、不同坡面土壤侵蚀模型因子取值,提出适用于不同区域的土壤侵蚀模型,为准确掌握坡面土壤侵蚀及不同水土保持措施控制土壤侵蚀效果提供依据;通过观测风力、冻融侵蚀相关因子,建立侵蚀模型,分析计算侵蚀状况,为研究风力、冻融侵蚀规律提供基础数据。掌握土壤侵蚀状况可定量掌握全国及重点区域土壤侵蚀状况及变化情况,为水土流失防治、评价、考核提供技术支撑,为水土保持监督管理以及生态文明建设提供依据。

二是掌握区域水土流失状况。通过对典型小流域坡面和河道泥沙各要素定位观测,开展水土流失模型因子取值率定分析和泥沙冲淤情况分析,提出适用于不同水土流失类型区、不同植被覆盖度、不同地貌地形、不同气象条件下的水土流失模型,掌握典型小流域、区域及全国水土流失量和动态变化情况。掌握区域水土流失状况可定量掌握全国及

重点区域水土流失状况及变化情况,为水土流失防治、监督考核等提供技术支撑,为水土保持管理以及河湖管理、防汛抗旱、生态文明建设等提供依据。

三是分析生产建设活动人为水土流失状况。通过对人为水土流失不同类型的对比监测、水土流失危害及氮磷钾养分流失造成的面源污染的监测,以及小流域监测站的实时监控,及时发现生产建设活动对水土流失造成的影响,为水土保持监管提供依据。分析了解人为水土流失状况可精准及时发现生产建设活动对水土流失造成的影响,为生产建设活动管理等提供技术支撑,为水土保持监督管理以及生态文明建设等提供依据。

四是分析水土流失防治措施效果。精准测定各种自然因素与人为活动造成的水土流失状况,准确评价水土流失及其防治状况,为水土保持治理及工程措施布局、配置提供支撑。分析掌握水土流失防治措施效果可为水土流失治理决策管理、改进提高治理技术、提高水土流失治理效果等提供技术支撑,为水土保持防治以及生态文明建设等提供依据。

五是研究水土流失规律。通过对水蚀、风蚀、冻融侵蚀等监测点观测,开展长系列数据分析研究,为开展水土流失规律和机制研究,开展水土保持科研和科学决策提供服务。研究分析水土流失规律可为水土流失科学研究、治理决策管理、改进提高水土保持技术、开展水土流失预警提供技术支撑,为水土保持防治以及生态文明建设等提供依据。

6.2.2　水土保持监测点分类

水土保持监测点按照侵蚀类型分为水力侵蚀、风力侵蚀、冻融侵蚀。

6.2.2.1　水蚀监测点

1. 根据监测对象、侧重内容和站点规模条件分类

根据监测对象、侧重内容和站点规模条件分为综合观测站、坡面径流场、小流域控制站。

1) 综合观测站

综合观测站是观测特定条件下地表径流量和土壤流失量、导致土壤侵蚀的环境因子、集水区内的泥沙量及径流过程的观测站,可以开展水力侵蚀或多种侵蚀要素综合观测,是设施设备齐全、观测要素多、最为重要的一类监测站点。

综合观测站布设有坡面径流站、小流域控制站和气象站。其中,坡面径流站包括人工坡面径流场(含典型坡度、主要措施类型的多个径流小区)、自然坡面径流场(至少布设1~2个)。每个自然坡面径流场内至少布设1个林草地调查点。林草地调查点能够代表当地典型林草类型、不同郁闭度乔木群落等,设置实时监控摄像装置,主要监测植被覆盖度、郁闭度、林下盖度等。

综合观测站观测内容主要包括降雨、坡度、坡向、土地利用类型、植被类型、盖度、耕作方式、径流、泥沙等指标。对于水风蚀交错区,还要观测风速、风向、起沙风速、沙粒的粒径等指标。主要作用是观测水土流失状况,开展土壤流失方程因子率定,测定水土保持效益定额。为研究土壤侵蚀规律、小流域产沙、分析计算所在类型区不同侵蚀等级的土壤侵蚀量、分析评价水土保持措施的保水保土效益等提供基础数据;通过控制站与径流场的长期协同观测,建立标准径流小区-自然坡面-小流域-中小河流的径流与泥沙耦合模型,用于进入大江大河以及湖泊水库的泥沙量动态监测与预报。

2）坡面径流场

坡面径流场分为人工坡面径流场和自然坡面径流场。

人工坡面径流场是观测分析特定条件（地形、地质、土壤、植被等）下地表径流量和土壤流失量的监测站点。主要观测土壤侵蚀量、土壤肥力、径流量等指标，为防治措施配置、径流调控、面源污染防控、侵蚀因子率定、效益分析评价等提供数据支撑。

自然坡面径流场是指布设在地形、土壤、植被或有工程措施等有代表性的天然坡地上，用于观测径流和土壤流失量，面积从几百平方米到几千平方米，包括从坡顶到坡脚的自然集流区。作用是测定自然坡面的水土流失情况和水土保持效益。

坡面径流场是综合观测站里坡面径流站的必要补充，主要作用是分析计算天然情况下不同作物和林草种植等坡面侵蚀状况，开展模型因子取值率定和参数分析，提出或校核、验证土壤侵蚀模型。

3）小流域控制站

小流域控制站是以自然水系为单元，选择具有代表性的小流域，观测一个集水区内的水土流失量、径流量的一类监测点。

小流域控制站的主要作用是监测小流域泥沙及径流数量和过程，测定小流域水土流失状况和水土保持效益情况，研究泥沙输移规律，为确定大尺度流域输沙量、开展水土流失预警和泥沙管理提供依据和支撑。

2. 根据监测点规模大小分类

在研究过程中，也有学者提出可以根据监测点规模大小，考虑将水力侵蚀监测点再分为大型水蚀监测站、中型水蚀监测站和小型水蚀监测站。

1）大型水蚀监测站

大型水蚀监测站是监测流域基本情况、地表径流量和土壤流失量、土壤侵蚀因子、集水区内的泥沙量及径流过程的综合站点，可以开展水力及多种侵蚀要素综合观测，包括人工坡面观测场、自然坡面观测场、小流域控制站、林草地调查点、气象站、雨量观测点等要件。

2）中型水蚀监测站

中型水蚀监测站主要包括人工坡面观测场、自然坡面观测场、小流域控制站、林草地调查点和雨量观测点。中型水蚀监测站弥补大型水蚀监测站不能涵盖的坡度、土地利用类型、水土保持措施等。

3）小型水蚀监测站

小型水蚀监测站包括小流域控制站、调查点、雨量观测点等要件。其中，雨量观测点以利用水文为主。流域内坡面、沟道水土保持及水土流失情况以巡测调查监测为主。小流域控制站是以自然水系为单元，选择具有代表性的小流域，实现对小流域泥沙及径流的监测。

需要说明的是，水力侵蚀监测点按照大型、中型和小型进行分类的方式，由于在操作中不宜把握尺度，全国不同区域不宜采用同样的定量标准进行界定，且三者之间极易越界，因此在本次全国水土保持监测点优化布局研究工作中暂未采用这种分类方式，继续按照监测点类型，将水力侵蚀监测点分为综合观测点、坡面径流场、小流域控制站。

6.2.2.2　风蚀监测站

开展风力侵蚀观测,包括风力侵蚀厚度、输沙率、降尘量、集尘量、风速、风向、起沙风速、沙粒粒径、植被情况、地表粗糙度、沙丘高度和面积等。

风蚀监测站的主要作用是观测风力侵蚀相关因子,为研究风力侵蚀规律提供基础数据,为建立风力侵蚀预测预报模型提供数据支撑。

6.2.2.3　冻融侵蚀监测站

开展冻融侵蚀观测,包括土地利用类型、植被类型、地貌类型、冻融侵蚀方式(融雪厚度、冻土厚度、解冻速度等)。

冻融侵蚀监测站的主要作用是通过观测,为研究冻融侵蚀提供数据支撑。

6.2.3　水土保持监测点分级

依据管理模式,全国水土保持监测点分为国家级监测点和省级监测点。

国家级监测点是根据国家水土保持管理需求,在全国范围布设的各类水土保持监测点,由国家负责建设管理。

省级监测点是在国家级监测点基础上,各省结合区域水土流失特点和管理需求,加密建设的各类水土保持监测点,由省级负责建设管理。

6.3　全国水土保持监测点优化布局方案

6.3.1　技术路线

以全国水土保持区划 40 个二级区、115 个三级区为单元进行布设,国家级水土流失重点防治区、国家和社会关注的重点区域等适当加密。在以水蚀为主的三级区内,与集水面积 1 000 km² 以下水文站充分共享,沿水系特征向上游嵌套布设小流域控制站,有条件的地方与已有坡面观测场形成坡面-小流域-中小河流多尺度嵌套式组合,形成小流域与中小河流径流泥沙数据组网分析。在以风蚀为主和冻融侵蚀为主的三级区内选取典型区域布设风蚀和冻融侵蚀监测点。以利用和对现有监测点优化提升、共享其他部门相关站点为主,适当补充新建,同时配备更新观测仪器设备,补充完善水土保持信息管理功能以及开展自动化设备质量检测及数据挖掘分析。未纳入国家站网的其他已有水土保持监测点纳入省级管理。此外,省级可按照布局原则和实际需求适当加密,建设省级监测点,提高全国监测站网监测精度。

6.3.1.1　满足区域代表性

以水蚀为主三级区水蚀监测点全覆盖(个别人烟稀少及海域岛礁地区除外),典型风蚀为主三级区风蚀监测点全覆盖,典型冻融侵蚀为主三级区冻融监测站点全覆盖。其中,水力侵蚀的综合观测站在每个以水蚀为主的二级区至少布设 1 个,国家级重点防治区、国家和社会关注的重点区域适当加密。其余在土壤侵蚀严重地区以及暴雨集中区适当加密。

6.3.1.2　满足坡面类型代表性

满足坡面类型代表性主要通过人工坡面观测场和自然坡面观测场解决。人工坡面观测场和自然坡面观测场监测对象要能涵盖所在地区主要地貌、地形、土壤、植被、土地利用、水土保持措施、耕作方式、作物类型、土壤侵蚀强度等，以及上述各监测对象的组合。

6.3.1.3　满足流域代表性

选择典型中尺度流域开展流域监测。在其中选取不同尺度典型小流域布设控制站。小流域内监测对象要包括能代表所在区域主要植被类型、农业生产类型、水土保持工程措施（坡改梯、淤地坝、谷坊等）、不同治理程度以及易产生水土流失的区域，如泥石流、滑坡等自然灾害易发区，典型侵蚀沟等；还要根据降雨空间分布特征，选择降雨集中小流域。

6.3.2　水土保持二级区划特点

监测点的布设主要依托水土保持区划，按照二级区和三级区进行布设和筛选。水土保持二级区划特点介绍如下。

6.3.2.1　大小兴安岭山地区

该区位于黑龙江以南、松花江以西、呼伦贝尔沙地以东、松嫩平原以北地区，总面积约28.51万 km^2，包括内蒙古自治区和黑龙江省的36个县（市、区、旗）。该区地势大体是西北高东南低，大部分为低山山地，海拔200～1 000 m，平均海拔约520 m，低山丘陵区和漫川漫岗区存在大量的侵蚀沟。大兴安岭东北部属于寒温带气候，其余大部分属于中温带气候，年均降水量为430～630 mm。土壤类型主要有暗棕壤、棕色针叶林土、沼泽土和草甸土，局部分布有灰色森林土。植被类型主要为寒温带和温带针叶林及针阔林。

大兴安岭山区气候严寒，有永久冻土带分布，以砂砾化与细沟状面蚀、冻融侵蚀为主。小兴安岭主要为黑土和草甸土，以面蚀、沟蚀和风蚀为主。由于随着开垦年数的增加，该区的黑土层厚度逐年减小，地力锐减，作物产量大幅度下降。开垦后的黑土层结构将依次沿着厚层黑土、中层黑土、薄层黑土、破皮黄黑土、黄土橛子蜕变，因此水土流失产生的潜在危险性较大。

6.3.2.2　长白山-完达山山地丘陵区

该区北部主要包括三江平原、完达山及兴凯湖周边地区、张广才岭、长白山、龙岗山及千山部分地区，总面积约30.35万 km^2，包括黑龙江、吉林和辽宁省的104个县（市、区）。该区以中低山地为主，北部为平原，中南部为山地，平均海拔约380 m，山地占总面积的51.99%。属于中温带湿润区，年均降水量为500～1 000 mm；土壤以暗棕壤为主，局部有草甸土、沼泽土、白浆土和棕壤。该区是东北黑土区典型的农林镶嵌区，其植被类型主要为温带落叶针阔叶林，其中北部为温带草本沼泽带。水土流失以轻度水蚀为主，穆棱河、牡丹江和吉林哈达岭西侧等局部地区水土流失严重。该区东部农业开发规模大，湿地萎缩严重，森林采伐过度，天然林保护工作形势严峻。坡耕地、荒坡面积较大，沟蚀严重，土地生产力下降；山洪及泥石流等自然灾害时有发生，威胁人民群众的生命财产安全。

该区北部为三江平原及完达山地区，是国家重要粮食生产基地，分布大面积的湿地草原，重点营造农田防护林和推行水土保持耕作制度，保护和合理利用水土资源，对湿地保护区域和兴凯湖周边地区加强植被保护与建设、增强水源涵养能力。中部长白山地区为重点加强水源涵养林预防保护工作;中部农林镶嵌地区加强侵蚀沟、坡耕地治理,大力营造水土保持林,加强封山育林,做好退耕还林工作;中北部鸡西、七台河和鹤岗等矿区,加强水土保持预防监督与管理工作;南部地区是大连等城市的水源地,也是人参种植基地,重点是做好水源地水源涵养林的保护以及人参种植区的水土流失治理工作。

6.3.2.3　东北漫川漫岗区

该区主要是小兴安岭和长白山山前延伸的漫川漫岗和丘陵地区,总面积约 17.76 万 km²,包括黑龙江、吉林、辽宁省的 61 个县(市、区)。位于河流中下游,地势大致由东北向西南倾斜,以漫川漫岗平原为主,坡长且缓,呈波状起伏,平均海拔 210 m;主要分布在大小兴安岭延伸的山前台地,是典型黑土的分布区。该区地势波状起伏,坡长多在 200 m 以上,海拔 250~450 m,是东北黑土区重点产粮区,地处农林交错带;涉及河流主要有嫩江、松花江和辽河等。属于中温带亚湿润区,多年平均气温在 4 ℃以下,降水量为 400~650 mm;土壤类型主要为草甸土和黑土。植被主要以温带落叶阔叶林为主。

水土流失以微度水蚀、轻度水蚀为主,侵蚀沟发育。垦殖指数较高、用养失调,水土流失日趋严重,冲走表土,使宝贵的黑土资源和国家粮食安全面临严重的威胁。侵蚀沟发展严重,逐步形成细沟、浅沟、切沟、冲沟,使原本相对平整的地表变得支离破碎,沟壑纵横,不仅降低大型机械的耕作效率,更为重要的是切割地表,蚕食耕地,冲走沃土,毁坏家园,严重威胁我国粮食安全。

北部漫川漫岗地区为粮食生产区,重点是保护黑土资源,加强坡耕地综合治理,大力推行水土保持耕作制度,结合水源工程和小型水利水保工程建立高标准基本农田。

6.3.2.4　松辽平原风沙区

该区位于大兴安岭以东、松辽分水岭以西、科尔沁沙地以北、齐齐哈尔-大庆以南的冲积波状平原区,总面积为 8.11 万 km²,包括黑龙江省、吉林省和内蒙古自治区的 20 个县(市、区)。该区地势平缓,平均海拔约 150 m,北部波状起伏,南部较平坦,多沼泽。属于中温带半湿润区,区内多年平均气温在 4 ℃以下,降水量 400~450 mm。土壤发育厚层草甸土、黑钙土、栗钙土和风沙土。植被以温带落叶小叶林和温带禾草、杂类草草甸草原为主。

该区水蚀和风蚀并存,东北部以水蚀为主,西部和南部以风蚀为主。水土流失主要发生在耕地和稀疏草地,该区是东北地区生态环境脆弱带的重要组成部分,由于长期超载放牧、垦草种粮、毁林开荒、乱垦滥挖等,土地沙漠化呈恶化趋势。

6.3.2.5　大兴安岭东南山地丘陵区

该区位于大兴安岭的东坡,南至科尔沁沙地,东与松嫩平原交界,总面积为 15.49 万 km²,包括内蒙古自治区和黑龙江省的 18 个县(市、区、旗)。该区以低山丘陵为主,平均海拔约 558 m,山体浑圆,山顶宽阔微平,涉及河流主要有嫩江和西辽河等。属于温带半湿润区,区内多年平均气温在 3 ℃以下,降水量为 360~500 mm。成土母岩以花岗岩为主,局部有火山岩、砂砾岩和砂页岩;土壤主要有暗棕壤、栗钙土、草甸土和黑钙土。植被主要为温带落叶阔叶林和温带草原带。

水土流失以轻度水蚀为主,兼有风蚀。该区为森林草原过渡地带。北部呈农林镶嵌分布格局,农业开发强度相对较大,坡耕地比例大,水土流失问题突出,重点是治理坡耕地,控制沟道侵蚀;南部农牧交错区,重点加强农田保护和草场管理,大力实施封育保护,恢复林草植被,防治土地沙化。

6.3.2.6　呼伦贝尔丘陵平原区

该区位于大兴安岭西麓的呼伦贝尔地区,包括内蒙古自治区呼伦贝尔市的 7 个市(区、旗)。地貌以低山丘陵、平原为主,地势低缓,平均海拔约 710 m;土壤以栗钙土和黑钙土为主。植被以温带草原和灌丛为主。

综合考虑该区是平原区,以轻度风蚀为主,大部分是草原,重点是合理开发和利用草地资源,加强草场管理,严禁超载放牧和开垦草场,退牧还草,防止草场退化沙化,保护现有湿地和毗邻大兴安岭林区的天然林。

6.3.2.7　内蒙古中部高原丘陵区

该区位于乌拉特后旗以东,阴山—大青山—长城以北,大兴安岭—科尔沁沙地以西地区,包括科尔沁沙地和浑善达克沙地等,涉及河北省、内蒙古自治区的 24 个县(市、区、旗)。地貌以高原为主,地势平缓,平均海拔 1 100 m,该区属温带半干旱气候区,区内多年平均气温在 4 ℃以下。土壤类型以栗钙土、棕钙土和风沙土为主。植被类型以温带典型草原、荒漠草原和森林草原为主,林草覆盖率 61.28%。

北部农牧交错带和草原区以风力侵蚀为主,气候干旱寒冷、风大沙多,生态环境脆弱,由于超载过牧、乱采滥挖、矿产开采,导致草场退化、土地沙化,促进了浮沙和沙尘暴天气的发生;尤其是农区的广种薄收及落后的耕作方式,加剧了水土流失。中南部山地、丘陵地带兼有风蚀和水蚀,森林草场退化,土地沙化,严重制约着农业、林业、牧业的发展,威胁京津唐地区的生态安全。

6.3.2.8　河西走廊及阿拉善高原区

该区包括玉门关以东、祁连山以北、贺兰山以西地区,总面积约 44.68 万 km²,包括甘肃省、内蒙古自治区的 20 个县(市、区、旗)。该区地貌类型主要有平原台地、风积地貌、山地丘陵等,其中平原台地 45.17%、风积地貌 27.10%、丘陵 14.58%、山地 5.46%、其他 7.69%。阿拉善高原地势微向北倾,地面起伏小,流沙、戈壁广布,为干旱荒漠高原,有巴丹吉林沙漠、腾格里沙漠等;河西走廊地形起伏,向北逐渐趋于平缓,其南为祁连山脉,由一系列北西走向的高山和谷地组成,平均海拔约 1 800 m;降水量 50~300 mm,该区是我国沙尘暴策源地之一。巴丹吉林、腾格里和乌兰布和三大沙漠横贯该区,干旱少雨,土壤有机质含量低,植被稀疏,沙源广,风力大,大风日多,生态环境脆弱,沙尘暴频发,风沙危害严重。水土流失以中度风蚀、强烈风蚀为主,强烈风蚀造成河西走廊及北缘土壤沙化严重,风沙对田园、农田、渠系、道路、草场威胁大,蚕食绿洲,风沙沉积侵占水库库容,农牧业生产受到影响;生产建设项目资源开发等对荒漠戈壁扰动大,破坏了原生植被和地表结皮,加剧了风蚀程度。

6.3.2.9　北疆山地盆地区

该区包括天山以北的广大地区,包括新疆维吾尔自治区的 56 个县(市、区),总面积约 59.71 万 km²。该区地貌以中高山和盆地为主,平均海拔约 1 350 m;该区属于温带干旱半干旱气候,降水量 100~500 mm。土壤类型主要为灰棕漠土、风沙土、栗钙土和棕钙土等。植被类型以温带荒漠半灌木、小乔木植被为主,局部分布有寒温带和温带针叶落叶阔叶林,林草覆盖率 42.50%。水土流失以风蚀为主,水土流失面积 39.30 万 km²,其中风力侵蚀 34.26 万 km²,占水土流失面积的 87.18%。

北部是北疆地区重要的供水水源地,重点是加强阿尔泰山森林草原以及额尔齐斯河、乌伦古河和湖泊周边植被带的保护和建设,加强草场管理,维护水源涵养功能,加强戈壁地区的输水输油管道工程保护,南部地区绿洲农牧业开发规模大,城市和工矿企业集中,风沙危害问题突出,河谷地带冲蚀严重,重点是加强天山北坡、伊犁河谷及准噶尔盆地南段的绿洲农业防护,加强天山森林植被保护与建设,提高水源涵养能力,加强城市和工矿企业集中区人居生态环境改善。

6.3.2.10　南疆山地盆地区

该区包括天山以南、昆仑山阿尔金山以北、玉门关以西的地区,总面积约 103.44 万 km²,包括新疆维吾尔自治区的 45 个县(市)。该区地貌类型主要有平原台地、山地和风积地貌等,主要由沙漠和戈壁组成,平均海拔约 2 000 m,该区属于暖温带极干旱和高原寒带干旱气候区,降水量 15～60 mm。土壤类型主要有风沙土、棕漠土和高山漠土。植被稀疏,以暖温带灌木、半灌木荒漠植被为主,局部分布有高原高寒荒漠植被,林草覆盖率 17.22%。

水土流失以强烈风蚀为主,部分高山山地区分布有冻融侵蚀和水蚀;水土流失面积 49.24 万 km²,占土地面积的 47.62%,其中风蚀面积 45.52 万 km²,占水土流失面积的 92.45%,风蚀除中高山地区外均有分布,以东南沙漠边缘较重。该区风沙危害严重,加之水资源过度利用,致使河流下游水量锐减,土地沙漠化加剧,塔里木河下游"绿色走廊"生态安全受严重威胁。

6.3.2.11　辽宁环渤海山地丘陵区

该区位于燕山以东、科尔沁沙地以南、千山以西,包括辽西走廊、辽河平原以及辽东半岛,总面积为 7.13 万 km²,包括辽宁省的 64 个县(市、区)。地貌以山地、丘陵和平原为主,平均海拔约 100 m,涉及河流主要有辽河和环渤海诸河。属于暖温带半湿润区,多年平均年降水量为 500～800 mm。土壤以棕壤、草甸土为主,局部地区分布有褐土。植被类型以农业植被、落叶阔叶林为主,林草覆盖率为 24.05%。

该区坡耕地比例大,水土流失相对严重,主要发生在坡耕地和稀疏林地。以轻度水蚀、中度水蚀为主,局部地区有强烈及以上水蚀,辽河平原西北部间有风蚀。辽河平原和辽东半岛区生产建设活动频繁,人为水土流失严重,山洪、崩塌、泥石流灾害时有发生。辽宁西部丘陵区水土流失导致土地生产力下降,河道、库渠淤积。风蚀主要分布在柳河、绕阳河谷地,阜蒙县、彰武县北部地区以及沿海近岸。

6.3.2.12　燕山及辽西山地丘陵区

该区西北至内蒙古高原南缘、东至科尔沁沙地和辽西走廊、南至华北平原,总面积约 16.81 万 km²,包括燕山、七老图山和努鲁儿虎山山地等,涉及内蒙古自治区、辽宁省、河北省、北京市和天津市的 55 个县(市、区、旗)。该区以山地丘陵为主,燕山为中低山地,地形起伏大,辽西地区以丘陵台地为主。从地貌组成来说,山地占 54.82%,平原占 27.38%,平均海拔约 580 m。属于暖温带半湿润区向中温带半干旱区的过渡带,多年平均气温为 7 ℃,多年平均年降水量为 400～700 mm,土壤类型主要为褐土、棕壤土、风沙土和潮土。植被类型以温带落叶灌丛、温带落叶阔叶林、温带草原为主,林草覆盖率为51.18%。

该区库伦、奈曼等旗(县)曾被列入"全国八片水土保持重点治理工程"进行过治理,也曾开展过"21世纪初期首都水资源可持续利用规划水土保持项目""京津风沙源治理工程"等国家重点工程。水土流失以轻度、中度水蚀为主,辽西地区兼有风蚀。

水蚀主要分布在山地丘陵台地区,风蚀主要分布在科尔沁沙地边缘及河谷川地区。辽西山地丘陵区是辽河泥沙的主要来源区和辽河平原风沙的策源地。燕山山地丘陵区由于河道挖沙取料,河谷地带有土地沙化和风蚀发生,泥沙淤积河道和水库问题突出,影响水库行洪及供水安全。

6.3.2.13 太行山山地丘陵区

该区位于太行山山地区,西接黄土高原、东邻华北平原、北达燕山山地、南至黄河,总面积约13.36万km²,包括五台山、太行山、恒山、太岳山等山地,涉及北京市、河北省、内蒙古自治区、山西省和河南省的107个县(市、区、旗)。该区以中低山山地为主,平均海拔约800 m;主要涉及河流有永定河、大清河、滹沱河、漳卫河等。该区属暖温带半湿润区向暖温带半干旱区的过渡带,多年平均气温8.8 ℃,多年平均年降水量为400～600 mm。土壤类型以褐土、黄绵土为主,局部有山地棕壤,土层较薄。植被类型以温带落叶阔叶林、温带落叶灌丛、温带草丛为主,林草覆盖率为38.74%。

该区太行山西北部曾先后开展"全国八片水土保持重点治理工程""京津风沙源治理工程""21世纪初期首都水资源可持续利用规划水土保持项目"等国家水土保持重点工程建设;东部、西南部开展过太行山国家水土保持重点建设工程等水土保持项目。水土流失以轻度水蚀至中度水蚀为主,水土流失面积5.25万km²,其中水蚀面积5.05万km²,占水土流失面积的96.19%,按侵蚀强度统计,以轻度侵蚀、中度侵蚀为主。

依据布设原则,结合太行山山地丘陵区的特点,该区属于国家重点治理区,西北部为永定河上游,是北京地区水源地和风沙源区,是山西省重要的煤炭生产基地,水蚀、风蚀并存,生态环境脆弱,分布有较大面积的防风固沙林,重点是加强水源地水土保持和防沙治沙,坡耕地综合治理为主的小流域综合治理效益等方面的监测;中东、南部是冀中南地区的重要水源地,分布有黄壁庄、岗南、西大洋和岳城等水库,区内水土流失严重和局部易发生滑坡、泥石流、山地灾害;加强南水北调中线工程左岸沿线小流域综合治理和山地灾害防治监测。

6.3.2.14 泰沂及胶东山地丘陵区

该区位于鲁中南和胶东半岛,总面积约10.07万km²,包括山东省和江苏省的87个县(市、区)。该区以低山丘陵为主,平原间有岗地分布,平均海拔约110 m;属暖温带半湿润区,区内多年平均气温12.2 ℃,多年平均年降水量600～900 mm。土壤以棕壤、褐土为主。植被类型属温带落叶阔叶林,林草覆盖率为12.28%。

该区水土流失以轻度水蚀、中度水蚀为主。水土流失面积2.66万km²,占土地总面积的26.76%。

该区泰山和沂蒙山低山丘陵区耕地资源短缺,农业综合生产能力有待进一步提高,需推进封山育林,加大土地综合整治,建设生态清洁小流域,发展生态旅游和特色农业产业。

胶东半岛及东部沿海地区为国家重要的优化开发区,重点加强小流域综合治理,促进特色产业发展;建设沿海生态走廊和宜居环境;加强引黄济青、南水北调东线及海岸沿线的水土保持监督管理。

6.3.2.15 华北平原区

该区位于太行山以东、燕山以南、泰山—沂蒙山以西,淮河以北的广大平原地区,总面积 27.76 万 km²,包括北京市、天津市、河北省、江苏省、安徽省、山东省和河南省 7 省(市)的 303 县(市、区)。该区地形平坦,平原占 96.37%,涉及的主要河流为海河、黄河与淮河的支流水系。属于暖温带半湿润区,区内多年平均气温 12.8 ℃,多年平均年降水量为 400~1 000 mm。该区土层深厚,土壤以潮土、褐土为主。植被类型属暖温带落叶阔叶林,林草覆盖率为 3.24%。

水土流失以轻度水蚀为主,黄泛平原由于历史上洪水泛滥、冲淤,在河流故道、泛区、干涸湖泊等地带形成很多沙荒地,加之干旱缺水,没有条件灌溉,风沙危害严重;同时生产建设项目多,开发强度大,人为造成了土壤风蚀和沙化。此外,低洼和排涝条件差的地带还存在土地盐渍化问题。黄淮平原区内黄泛区重点是做好防风固沙工程及植被恢复建设。

6.3.2.16 豫西南山地丘陵区

该区位于伏牛山以北、黄河以南、郑州—漯河—驻马店一线以西,总面积 5.52 万 km²,包括河南省的 49 个县(市、区)。地貌以低山丘陵为主,地势西高东低,西部以土石山为主,东部以黄土丘陵阶地为主;从地貌组成来说,山地占 45.36%,平均海拔 400 m;涉及主要河流为伊洛河。该区属于暖温带半湿润气候区,区内多年平均气温为 12.3 ℃,多年平均年降水量 600~1 000 mm。土壤以褐土和黄绵土为主。植被类型属暖温带落叶阔叶林,林草覆盖率为 34.52%。

水土流失以轻度水蚀、中度水蚀为主,黄河南岸丘陵阶地区水土流失严重,是黄河流域水土保持重点治理地区。豫西黄土丘陵区土石山地、黄土丘陵、台地、沟壑相间分布,区内总体上植被稀少,水土流失主要分布在坡耕地、“四荒”地和黄土沟谷地带等;黄土丘陵地区地形破碎,水蚀严重,冲沟发育,土地利用粗放,裸滩、荒坡多,同时降水量相对较少,水资源缺乏;土石山地水热资源较好,但土层浅薄,植被稀疏,水源涵养能力差。伏牛山山地丘陵区粗骨土和沙化地大量分布,石灰岩地区缺水严重,植被稀疏;低山丘陵区坡耕地普遍分布,“四荒”面积大;局部黄土丘陵台地坡面沟蚀严重,水土流失主要分布于坡耕地、柞蚕坡、稀疏林地等区域,局部有崩塌、滑坡、塌岸等重力侵蚀及山洪和泥石流发生。

6.3.2.17 宁蒙覆沙黄土丘陵区

该区分布于阴山以南、贺兰山以东、六盘山以北、达拉特旗—榆林—靖边—吴起一线以西地区,包括河套平原、银川平原、毛乌素沙地、库布齐沙漠、河东沙地和宁夏中部地区,总面积约 14.16 万 km²,涉及内蒙古自治区、宁夏回族自治区的 43 个县(市、区、旗)。该区除山地、河套平原外,有大面积风沙地貌,间有滩地,平均海拔 1 300 m。涉及主要河流有黄河干流、永定河、无定河、纳林河和赤老图河等。气候主要属于温带半干旱区,区内多年平均气温 5.3 ℃,多年平均风速 2.7 m/s,年均降水量 150~350 mm,主要集中在汛期 6~9 月,多年平均降水量在汛期为 165 mm,多年平均蒸发量 2 300 mm。土壤类型主要有风沙漠、棕钙土、灰钙土、栗钙土和潮土等,植被类型以温带落叶灌丛、半灌木荒漠植被为主,植被垂直分布和地域性差异明显,植被覆盖度较低,林草覆盖率为45.62%。

该区地处农牧交错区,生态脆弱,草场退化,风蚀严重,兼有水力侵蚀。水土流失面积 5.96 万 km²,风力侵蚀面积 4.12 万 km²,占水土流失面积的 69.1%,风力侵蚀主要分布于毛乌素沙地、乌兰布和沙漠及覆沙平原区,以中度以上侵蚀为主;水蚀主要分布于阴山沿麓山地丘陵区、银川平原和河套平原区,以轻度侵蚀为主。

6.3.2.18 晋陕蒙丘陵沟壑区

该区位于包头—呼和浩特一线以南、毛乌素沙地以东、崾山—白于山一线以北、吕梁山以西,总面积 12.66 万 km²,包括山西、内蒙古、陕西 3 省(区)的 45 个县(市、区、旗),主要地貌以山地、黄土梁峁沟谷和涧地为主,平均海拔约 1 300 m。该区是黄河中游多条河流的源头区,涉及主要河流有窟野河、秃尾河、三川河、昕水河、汾河、北洛河、延河、无定河和"十大孔兑"等,径流量年际、年内变化大,丰水年与枯水年水量相差悬殊,气候属于暖温带半干旱区,区内多年平均气温 6.3 ℃,全年多盛行西风及北偏西风,年平均风速 3.1 m/s,日均风速不小于 5 m/s 的天数 50 d/a,最大冻土深度 150 cm,全年无霜期 165 d。降水量 350~500 mm。土壤类型以黄绵土、栗褐土、褐土、棕壤和风沙土为主。植被类型主要为温带落叶阔叶林和温带草原,林草覆盖率 48.93%。

该区位于西北黄土高原区东北部,该区土壤侵蚀类型以水力侵蚀为主,兼有风力侵蚀。水土流失面积 6.81 万 km²,占土地面积的 53.75%。其中,水力侵蚀面积 6.20 万 km²,占水土流失面积的 91.0%;风力侵蚀面积 0.61 万 km²,占水土流失面积的 9.0%。按侵蚀强度统计,轻度、中度、强烈、极强烈和剧烈水土流失面积分别为 3.61 万 km²、0.93 万 km²、1.56 万 km²、0.54 万 km² 和 0.17 万 km²。水蚀在全境均有分布,风力侵蚀主要分布于毛乌素沙地东南缘以及黄河南岸的部分地区。中东部是黄土丘陵沟壑区,区内地形复杂,沟壑纵横,坡耕地比例大,植被稀少,降水分布集中,水土流失严重;干旱缺水,土地贫瘠,土地生产力低下,粮食产量低而不稳,农牧、林牧矛盾比较突出;西部是毛乌素沙地东南缘,水蚀、风蚀交错,由于地表大面积覆沙,降水相对集中,水土流失严重,粗沙输沙量大;邻接沙地一带,因长期超载放牧造成严重的草场退化和沙化,局部固定、半固定沙丘活化,流沙南移,危害农田、村庄及水利设施。北部是黄河流域典型砒砂岩分布区,表层风化严重,岩石碎屑堆积,加之沟道比降大,降水集中在 7~9 月,每逢雨季山洪频发,挟带大量粗泥沙输入黄河,严重威胁下游河库。

该区属于国家重点治理区,是风沙区和黄土丘陵沟壑区的过渡地带,风蚀、水蚀交错,黄河多沙粗沙区位于该区,是我国水土流失最为严重的区域之一,也是我国沙尘暴策源地之一,多数县(市、区、旗)为国家级贫困县和革命老区。充分考虑黄河流域及黄土高原的自身特点,重点在黄河多沙粗沙区开展黄土高原水土保持措施减水减沙效益和水土流失严重区淤地坝、侵蚀沟等内容。因此,在该区加密布设了水力侵蚀综合观测点,目前区内实施有国家八大片治理,淤地坝建设、坡耕地治理试点、砒砂岩沙棘生态建设,多沙粗沙区拦沙坝、退耕还林还草等工程。

6.3.2.19 汾渭及晋城丘陵阶地区

该区包括太原以南,宝鸡以西的关中盆地,晋中和晋南盆地,晋城盆地及其周边地区,总面积约 8.51 万 km²,包括山西、陕西两省的 85 个县(市、区)。该区以河流阶地、盆地及其周边的台塬和丘陵为主,地势平缓,气候属于暖温带半湿润区,区内多年平均气温 10.3 ℃,降水量 500~700 mm。土壤类型以褐土、棕壤、黄绵土为主。主要植被类型为温带落叶阔叶林,林草覆盖率 38.53%。

该区水土流失以轻度水力侵蚀、中度水力侵蚀为主,黄土丘陵区沟壑纵横,梁峁丛生,植被覆盖度低,水土流失较为严重,干旱缺水和土地瘠薄造成土地生产力低下。随着工农业生产的快速发展,长期以来的开山炸石、采煤挖矿、乱砍滥伐等人为活动,致使林地缩小,牧坡衰退,水土流失现象日趋严重,山洪灾害时有发生,运城盆地干热风灾害严重,峨嵋台地干旱缺水,人畜饮水困难,晋城盆地因矿产开发,导致土地塌陷、水资源破坏、人为水土流失等问题突出。秦岭北麓山高、坡陡、沟深、石多、土薄,植被破坏严重,水源涵养能力下降,生态系统遭到破坏,加之降雨集中,水土流失日趋严重。

6.3.2.20　晋陕甘高塬沟壑区

该区位于崂山—白于山一线以南、汾河以西、六盘山以东、关中盆地以北地区,总面积约 5.58 万 km²,包括山西、陕西和甘肃 3 省的 34 个县(市、区)。该区黄土台塬、残塬和梁峁广布,塬面平坦,沟壑深切,黄土覆盖较厚。从地貌组成比例来说,山地占 45.05%、黄土丘陵占 50.57%,气候属于中温带半湿润区,区内多年平均气温 8.4 ℃,多年平均风速 1.4~4.3 m/s,降水量为 460~667 mm。主要土壤类型以黄绵土、黑垆土和褐土为主。植被类型主要为温带落叶阔叶林,林草覆盖率 56.17%。

该区是典型的黄土高塬沟壑区,是黄河的主要泥沙来源区之一,部分地区是国家主体功能区确定的重要的生态功能区,目前实施的有淤地坝项目。该区水土流失以轻度水力侵蚀、中度水力侵蚀为主。该区属于国家重点预防区,是黄河多沙粗沙国家级重点治理区,该区重点是做好塬面、塬坡耕地综合治理和坝系工程,发展特色农业产业。

6.3.2.21　甘宁青山地丘陵沟壑区

该区位于日月山以东、乌鞘岭以南、六盘山及其以西、秦岭以北地区,总面积约 14.76 万 km²,包括甘肃、青海和宁夏 3 省(区)的 64 个县(市、区)。该区东部以梁状丘陵为主,地形复杂,地面坡度较缓,且有丘间小盆地,西部以中高山山地为主,平均海拔约 2 300 m。气候属于温带半干旱季风区,区内多年平均气温 4.6 ℃,降水量为 250~550 mm。主要土壤类型为栗钙土、黑钙土和黑毡土,兼有森林土和黄绵土。植被类型以温带草原为主,局部地区分布有森林,林草覆盖率 41.63%。土壤侵蚀类型以水力侵蚀为主,局部地区兼有风力侵蚀、冻融侵蚀。

该区属于国家重点治理区,是黄河多沙粗沙国家级重点治理区,该区是黄河泥沙主要来源区之一,多数县(市、区)为国家级贫困县和革命老区,目前有退耕还林还草工程、淤地坝工程、坡耕地综合治理试点等项目,安定区是国家八片水土保持重点治理区,大通回族土族自治县、门源回族自治县是重要的水源涵养区。

6.3.2.22　江淮丘陵及下游平原区

该区位于长江下游,包括江淮丘陵岗地地区、安徽长江沿岸平原、巢湖平原及长江三角洲平原,总面积约 13.32 万 km²,涉及上海、江苏、浙江、安徽 4 省(市)的 147 个县(市、区)。该区河网密布,海拔 5~50 m,平均海拔约 20 m,具有低山丘陵、盆谷、湖泊洼地和沿海滩涂等地貌,平原占 76.02%,该区是典型的平原水网地区,区内河流水系发达,湖泊众多,涉及主要河流有长江下游及其支流,主要湖泊为巢湖、太湖、洪泽湖等。气候属于亚热带湿润区,呈现冬季干冷、夏季湿热、四季分明、降雨充沛和台风频繁等气候特点;区内多年平均气温16.1℃,多年平均年降水量为800~1 200 mm。土壤类型主要为水稻土、红壤和潮土,植被类型以亚热带常绿针叶、落叶阔叶混交林为主。

该区水土流失以轻度水蚀为主,该区河流水系较长,河网密布,沿河两岸地段易发生崩塌;该区重点是加强农田保护与排灌系统的建设,控制面源污染,优化农业产业结构,加强海塘江堤、河岸边坡和堤防防护林建设及城市绿化,建设生态河道。

6.3.2.23 大别山-桐柏山山地丘陵区

该区位于汉江以东、巢湖以西、淮河以南、江汉平原以北,总面积约9.98万km²,包括安徽、河南和湖北3省的49个县(市、区)。该区海拔100~400 m,平均海拔约220 m,分布有南阳盆地、桐柏山-大别山低山丘陵和鄂中北岗地丘陵,中部主要是低山丘陵,周边地区分布岗地和平原,该区是长江与淮河的分水岭,涉及主要河流有淮河上游、长江中游等河段。属暖温带半湿润地区向亚热带湿润区的过渡带,区内多年平均年降水量为800~1 400 mm,主要集中在5~10月,土壤类型主要为黄棕壤、水稻土和黄褐土,局部地区存在潮土。植被类型以暖温带落叶阔叶林和亚热带常绿阔叶林、针阔混交林为主,水土流失以轻度水蚀、中度水蚀为主,局部有强烈水蚀和极强烈水蚀。水土流失主要分布于坡耕地、疏林地和"四荒"地。

该区重点是做好西部农田防护林网建设,推行水土保持耕作制度,加强排灌系统的建设。中东部加强以坡改梯为主的小流域综合治理,建设生态清洁小流域,发展特色林果产业,改善山丘区农村生产生活条件,加强封禁治理和植被建设,提高山丘区水土保持和水源涵养功能,保护生态环境,构建以大别山及沿江丘陵为主体的生态格局。

6.3.2.24 长江中游丘陵平原区

该区位于长江中游平原,主要涉及江汉平原和洞庭湖平原的两湖地区,总面积约6.58万km²,包括湖北省和湖南省的59个县(市、区)。该区地貌以平原为主,地势大体自西北向东南倾斜,平均海拔约40 m,局部地区有丘陵岗地分布;全区平原占84.38%。气候属于亚热带湿润区,雨量充沛,气候温和,光照充足,多年平均年降水量为1 000~1 500 mm。土壤类型主要为潮土、水稻土、红壤和黄棕壤土。植被类型以亚热带常绿针叶、阔叶林为主。

6.3.2.25 江南山地丘陵区

该区位于长江以南、雪峰山及其以东、南岭以北、武夷山以西的山地丘陵区,总面积约36.52万km²,包括浙江省、安徽省、江西省、湖北省、湖南省的226个县(市、区)。该区平均海拔约400 m,以低山丘陵为主,丘陵盆地交错分布,气候属于亚热带湿润气候,温暖湿润,雨量充沛,无霜期长,多年平均气温15.8℃,多年平均年降水量为1 300~2 000 mm。土壤类型以红壤、黄壤和水稻土为主,局部地区分布有紫色土,适宜农作物生长。植被类型以亚热带常绿阔叶林、针阔混交林为主,林草覆盖率约54%。

土壤侵蚀以轻度水力侵蚀为主。区域内存在大面积经果林和各类园地,多单一纯林种植,同时针叶林多,阔叶林少,森林生态效益差,林下土壤环境恶劣,地表覆盖度低,林下水、土、肥流失较为严重。平原区粮食生产压力大,普遍存在过度耕作和滥垦,由此引起一定的水土流失。

区内涉及众多水系,主要河流有湘江、沅水、资江、赣江、钱塘江、富春江及长江干流等,湖泊有鄱阳湖等,局部地区崩岗侵蚀严重,河道泥沙下泄,沟道淤埋,山洪灾害隐患增大,此外,局部陡坡耕种,粗放经营管理,城镇化建设和大量矿产资源开采加剧了水土流失。

6.3.2.26　浙闽山地丘陵区

该区位于武夷山地区,北接仙霞岭、南接莲花山、呈东北—西南走向,总面积约 17.73 万 km²,包括福建省和浙江省的 131 个县(市、区)。该区海拔 10~2 000 m,平均海拔约 460 m,以低山丘陵为主,其中山地占 83.77%;该区水资源较为丰富,涉及主要河流有闽江、甬江、椒江、瓯江、鳌江、汀江、九龙江和晋江等。该区属于亚热带湿润气候区,多年平均年降水量 1 400~2 000 mm。土壤类型以赤红壤、水稻土和红壤为主,同时还存在少量黄土、粗骨土和滨海盐土。植被类型以亚热带、热带常绿针、阔叶林为主,森林植被以次生林和人工林为主,林草覆盖率 60.45%。

土壤侵蚀以轻度水力侵蚀为主。该区陡坡垦殖、乱砍滥伐和花岗岩发育区特殊的地质条件是引起区内水土流失的主要原因,水土流失以林下水土流失、坡耕地水土流失和崩岗为主。该区的沿海地区人口密度大,经济发达,重点是做好清洁型小流域建设,加强城镇产业园区水土保持监督,维护城市及周边地区人居环境,加强沿海防护林体系建设。

6.3.2.27　南岭山地丘陵区

该区以南岭山脉为主体,包括江西、湖南南部,广东和广西北部的广大山地丘陵地区的 132 个县(市、区),总面积约 25.82 万 km²。该区海拔 100~2 080 m,平均海拔约 350 m,地貌主要以低山山地和丘陵为主,西段为岩溶地貌,东段为丹霞地貌,岭间为低谷盆地,其中山地占 66.87%、丘陵占 18.32%、平原占 12.59%、岗台地与阶地占 1.98%,其他地貌类型占 0.24%。涉及主要河流有东江、桂江、湘江和北江等。气候主要为亚热带湿润气候,多年平均年降水量 1 500~1 800 mm,主要集中在每年 4~9 月。土壤主要包括赤红壤、红壤和黄壤,赤红壤和红壤广泛分布于低山丘陵地带,黄壤分布于海拔(700 m 以上)较高的中低山,山间小盆地与低谷地带多为水稻土。植被类型以亚热带常绿阔叶林、针叶林为主,南岭山地山体高大,沟谷深切,植被较好,林草覆盖率为 61.69%,除松树、杉树、毛竹外,尚保存有大面积的常绿阔叶和落叶阔叶混交林,起到了江河源头涵养水源、调节径流的作用。

土壤侵蚀以轻度水力侵蚀为主。水土流失主要由坡耕地产生,局部有石漠化问题,崩岗也有零星分布。水土流失面积 4.16 万 km²,占土地面积的 16.1%,按侵蚀强度划分,轻度、中度、强烈、极强烈和剧烈水土流失面积分别为 1.96 万 km²、1.26 万 km²、0.61 万 km²、0.27 万 km²、0.06 万 km²。该区水土流失问题主要表现为丘岗地区崩岗侵蚀尚未得到有效治理,泥沙下泄淤埋沟道,山洪灾害隐患大、石漠化、石质山区土地生产力退化,人畜饮水困难;红色岩系区域岩石风化后粒径粗,透水性强,地表温度高,坡耕地分布广,水土流失严重,生态修复不易。该区西部岩溶地区石漠化严重,重点是加强以坡改梯和坡面水系工程为主的小流域综合治理,抢救土壤资源,做好雨水集蓄和岩溶水利用,建设小型水利水保工程,提高农业生产能力,实施生态修复,提高岩溶景观、森林景观的观赏价值,加强退耕还林和生态移民;加强植被建设和保护,提高水源涵养能力。

6.3.2.28　华南沿海丘陵台地区

该区范围涵盖包括粤东、粤西沿海,珠江三角洲以及北部湾沿海,总面积约 10.78 万 km²,包括广东和广西的 93 个县(市、区)以及香港、澳门两个特别行政区。该区平均海拔约 168 m,地貌由沿海冲积平原、丘陵台地和山地组成,总体地势平缓,涉及主要河流有珠江三角洲河网、韩江、榕江、漠阳江、鉴江、南流江等。该区属南亚热带季风雨林气候,多年平均年降水量 1 600~2 000 mm,土壤以赤红壤、水稻、土红壤和石灰土为主。植被类型主要为热带常绿阔叶季雨林,亚热带、热带常绿阔叶林,林草覆盖率 35.95%。

土壤侵蚀以轻度侵蚀为主,局部有剧烈流失,主要侵蚀类型为水力侵蚀。该区人为水土流失占 60% 以上,比例较大。区内生产建设活动强烈,人为水土流失严重,局部崩岗易产生安全隐患。该区地处沿海,独流入海中小河流众多,易受台风暴雨灾害,河道下游易发生崩岸,破坏土地资源。

该区珠江三角洲地区及沿海地区是我国重要的经济中心区域,重点是建设清洁型小流域,维护人居环境,建设与保护滨河滨湖植物带。西部广西丘陵盆地区岩溶石漠化问题突出,重点是加强坡改梯,稳定现有耕地面积;开发利用坡面径流和岩溶表层泉水资源,缓解灌溉用水、人畜饮水问题;发展热带、亚热带特色农业产业;通过封山育林、人工造林种草,保护和增加林草面积,提高水源涵养能力;加强局部崩岗治理,保护耕地;加强有色金属、稀土矿产和城市工矿区水土保持监督管理。

6.3.2.29　海南及南海诸岛丘陵台地区

该区包括海南岛和西沙群岛、中沙群岛、南沙群岛的岛礁,总面积约 3.52 万 km²,包括海南省和海上岛屿的 22 个县(市、区),平均海拔约 100 m,地貌主要为山地丘陵,气候类型属于热带湿润气候,多年平均年降水量 1 000~2 000 mm,台风频繁。土壤类型有砖红壤、赤红壤、水稻土、红壤等。植被类型以热带雨林和热带季雨林为主,人为活动较强。局部地区原生植被保留较好,林草覆盖率为 32.63%。

该区水土流失以轻度侵蚀为主。该区水土流失主要由零星斑状开荒地、坡耕地和林下土壤侵蚀造成,西部、西北部沿海缺水造成的土壤盐碱化导致植被稀疏,加剧了水土流失。该区域是国家重要的热带粮经作物种植基地,土地垦殖率高,生产建设活动强烈,加之台风暴雨多发,极易造成水土流失。

6.3.2.30　秦巴山山地区

该区位于黄土高原以南、青藏高原以东、四川盆地以北、南阳盆地以西,主要包括秦岭中高山山地、大巴山及陇南中山山地、伏牛山南坡及鄂西北山地、汉水谷地,总面积约 22.52 万 km²,包括陕西省、甘肃省、河南省、湖北省、四川省和重庆市的 78 个县(市、区)。该区海拔为 700~2 500 m,平均海拔约 1 200 m,以山地为主,间有盆地,山高坡陡;全区山地占 91.79%;大部山体从海相岩层发育而来,以变质岩系和灰岩系为主,构造上经强烈的带状褶皱、抬升和断裂运动,成为东西向褶皱带和起伏较大的岩质山地;该区自然环境复杂,溪河众多,涉及主要河流有白龙江、嘉陵江、岷江、汉江、丹江等,水力资源十分丰富。气候属于北亚热带湿润气候,区内多年平均气温 10.4 ℃,多年平均年降水量 600~1 300 mm,降雨时空分布不均,旱涝灾害频繁;成土母岩主要有紫色砂岩、泥页岩等,土壤类型以棕壤、黄棕壤、黄壤和褐土为主,大巴山南部有紫色土分布。植物垂直分异明显,植被类型以北亚热带常绿、落叶阔叶混交林为主,林草覆盖率为72.12%,整体植被较好,生物资源丰富,其中的汉中、安康盆地是陕西主要的农业区和亚热带资源宝库,也是陕西水稻和油菜的主要产区。该区是我国重要的生态屏障,是国家南水北调中线工程水源地水质影响控制区和水源涵养生态建设区,也是我国天然林保护工程、退耕还林工程、坡耕地水土流失综合治理工程的重点实施区域。

该区以轻度水力侵蚀、中度水力侵蚀为主。水土流失面积6.35万 km²,占土地面积的28.15%。该区水力侵蚀主要为面蚀和沟蚀,面蚀主要分布在紫色砂泥岩丘陵区、岩溶槽谷区及花岗岩中丘区,主要发生在坡耕地、荒山荒坡和疏残幼林地以及生产建设项目施工过程中的裸露地上,以坡耕地侵蚀最为严重。沟蚀主要分布在河流阶地、冲洪积扇、深厚的残坡积层以及岩性软弱易风化的片麻岩、砂页岩出露区。重力侵蚀主要为滑坡、崩塌等,此外还有泥石流等混合侵蚀类型,干旱、洪涝灾害以及山洪灾害也较严重。由于区内地形起伏、坡度大,暴雨频繁,岩性破碎松散,易风化、土壤抗蚀性差,土地垦殖率高,坡耕地分布广且面积大,尤其是浅山丘陵区的石灰岩地区,水土流失十分严重,导致河库淤积,威胁防洪安全,农田面源污染严重,水质下降。

该区中北部地区是我国南水北调中线工程水源区,重点是加强以坡改梯及波面水系工程为主的小流域综合治理,发展特色产业;推进封山育林和能源替代工程建设,营造水源涵养林;加强水源地面源污染控制。南部为三峡库区,重点是做好移民安置点、新垦土地和城镇迁建的水土保持,加强滨库消落带综合整治和滑坡、泥石流防治。西部为嘉陵江上游,重点加强坡耕地和山洪、泥石流沟的综合整治,推进特色林果业发展,加强森林资源的保护和建设,提高水源涵养能力,做好水电及矿产资源开发的水土保持监督管理工作。该区属于国家预防保护区,对长江经济带、重要水源地、重要水库等进行加密布设。

6.3.2.31　武陵山山地丘陵区

该区位于四川盆地以东、云贵高原以北、云梦平原以西、大巴山以南,主要包括湘西北山地丘陵区、鄂渝山地,总面积约 7.58 万 km²,包括重庆市、湖北省和湖南省的 31 个县(市、区)。该区海拔为 500~1 500 m,平均海拔约 1 200 m,以低山山地为主,山体顶平,坡陡谷深,全区山地占96.34%,气候类型为中亚热带湿润气候,全年冷暖分明,日照充足,雨水充沛,年均降雨量 1 000~1 600 mm,土壤类型以黄棕壤、黄壤、紫色土、棕壤、石灰土为主。该地区植物种类丰富,以亚热带植被为主,主要植被为亚热带常绿阔叶林、亚热带落叶阔叶林、常绿阔叶混交林,林草覆盖率为64.17%。

该区地貌类型单一,水土流失以轻度水力侵蚀、中度水力侵蚀为主。水力侵蚀主要为面蚀和沟蚀,主要分布于坡耕地、荒山荒坡和疏幼林地。

6.3.2.32　川渝山地丘陵区

该区主要包括川西南山地、川渝平行低山岭谷、川北低山丘陵、川中丘陵和成都冲积平原,总面积约20.75万 km²,包括四川省、重庆市的 147 个县(市、区)。平均海拔约 650 m,四川盆地地势低缓,周边以丘陵为主,丘、坝、山兼备的地貌类型,全区山地占57.08%、丘陵占33.27%、平原(盆地和坝地)占 8.39%、其他占 1.26%;涉及的河流主要有岷江、沱江、嘉陵江、乌江、长江干流等。气候类型为中亚热带湿润气候,区内多年平均气温为

14.8 ℃,降水量为800~1 400 mm;土壤类型以紫色土为主,其次是水稻土和黄壤,整体土壤肥力高,土壤结构好,适合农作物栽培。植被类型以中亚热带常绿阔叶林、竹林为主,油桐、油茶、柑橘、茶叶等经济作物在该区具有重要地位,同时该区也是四川省主要江河发源地和森林集中区,林草覆盖率为40.02%。

区内大中城市较多,水土流失带来面源污染严重威胁城市饮水安全;矿产资源和水能资源开发,以及基础设施建设,导致人为水土流失十分严重。

该区属于国家重点治理区,水土流失以轻度水蚀、中度水蚀为主,紫色土风化强烈,土层薄,面蚀和沟蚀都十分严重。水力侵蚀主要为面蚀和沟蚀,主要分布在坡耕地、荒山荒坡和疏幼林地,其中坡耕地是水土流失的主要来源。该区降雨量大且集中,多大暴雨,紫色土风化强烈,土层薄,人多地少,人地矛盾突出,坡耕地分布广泛,水土流失十分严重;第四纪地层主要出露在河谷、盆地及山麓,分布广泛,地面组成物质较松散,导致沟蚀严重,崩塌、滑坡、泥石流普遍分布;综合考虑,该区东部三峡库区重点是监测坡改梯和坡面水系工程为主的小流域综合治理效果及入库泥沙,中部重点监测嘉陵江中下游和沱江流域坡改梯和坡面水系工程为主的小流域综合治理效果及入河(库)泥沙。

6.3.2.33　滇黔桂山地丘陵区

该区主要包括云南东部及贵州大部分地区,西部为乌蒙山地区、中部为苗岭地区、北部到达大娄山,南至六诏山,总面积约38.06万 km²,包括广西壮族自治区、四川省、贵州省和云南省的163个县(市、区)。平均海拔约1 200 m,以中低山为主,气候类型为中亚热带湿润气候区,多年平均年降水量1 000~1 500 mm;土壤以黄壤、红壤和石灰土为主,北部地区有少量紫色土分布。植被类型以中亚热带、热带常绿阔叶、落叶阔叶灌丛、草丛和亚热带常绿阔叶林、针叶林为主,林草覆盖率为52.40%。

该区水土流失主要发生在山丘地带,土山区易发生滑坡、坍塌等地质灾害,石山区易产生石漠化问题。水土流失以轻中度水蚀为主,水土流失面积11.49万 km²,占土地面积的30.2%。

6.3.2.34　滇北及川西南高山峡谷区

该区主要包括滇北高山峡谷及川西南高山峡谷地区,东部为滇东高原地区,南部包括滇池、洱海及周边地区,总面积约17.30万 km²,包括四川省、贵州省和云南省的70个县(市、区)。该区平均海拔约2 100 m,以中高山为主,坡陡谷深,高山、深谷、丘陵、平原、盆地相互交错,其中山地占92.82%。气候类型为中亚热带湿润气候区,干雨季分明。高温干旱,区内多年平均气温12.0 ℃,多年平均年降水量800~1 700 mm;土壤以红壤、黄棕壤、紫色土和棕壤为主,植被类型主要以中亚热带常绿阔叶林、针叶林为主,植物种类丰富,林草覆盖率为65.23%,干热河谷植被具有明显旱生性特征,以稀树灌丛为主。

该区土壤侵蚀主要类型有水力侵蚀和重力侵蚀。水力侵蚀主要为面蚀和沟蚀,面蚀主要分布于坡耕地、荒山荒坡和疏幼林地区,沟蚀主要发生在河流阶地和冲洪积扇。重力侵蚀主要为崩塌、滑坡等,主要分布于下游中山区的河流强烈切割形成的高山坡陡地带,部分地区还存在泥石流等混合侵蚀类型。水土流失以轻度水蚀、中度水蚀为主,水土流失面积5.33万 km²,占土地面积的30.8%。此外,存在冻融侵蚀面积3.59 km²。该区总体地势较高,地形纵横切割,形成了海拔高差极为悬殊的特殊地貌,由于耕地资源少,土地贫瘠,加之人口的不断增长,陡坡开垦愈发严重,经常造成大面积、高强度的水土流失;同时,该区降雨集中,山高坡陡,洪峰流量大,易引起滑坡、山洪和泥石流灾害,威胁群众生产生活安全;干热河谷区气候炎热少雨,植被覆盖率低,森林植被难以恢复,大面积土地荒芜,水土流失严重,河谷坡面的表土大面积丧失,露出大片裸土和裸岩地,生态十分脆弱。

6.3.2.35 滇西南山地区

该区主要包括南部西双版纳河谷盆地及周边地区,东部哀牢山—无量山地区,西至中缅边境,总面积约 14.39 万 km²,包括云南省的 41 个县(市、区)。该区平均海拔约 1 500 m,地势北高南低,山高谷深,断层成束,以山地为主,其中山地占 94.29%;涉及的主要河流有澜沧江、怒江、元江等。该区属于南亚热带和热带湿润气候,区内多年平均气温为 16.1 ℃,土壤类型主要有赤红壤、黄壤、红壤和燥红土,局部地区分布有紫色土。植被类型以南亚热带草丛、常绿阔叶、落叶阔叶灌丛以及南亚热带常绿阔叶林、针叶林为主。

该区土壤侵蚀类型以水力侵蚀为主,兼有重力侵蚀。水力侵蚀主要为面蚀和沟蚀,主要分布于坡耕地、荒山荒坡和疏幼林地;重力侵蚀主要为崩塌、滑坡等,主要分布于河流强烈切割形成的高山坡陡地带,部分地区还存在泥石流等混合侵蚀类型。水土流失以轻度水蚀、中度水蚀为主,该区长期陡坡开垦,坡耕地分布广泛,面积大,坡度陡,土层薄,坡耕地水土流失严重,降低土地生产能力,影响群众生产生活;荒山荒坡和疏幼林地面蚀和沟蚀严重。区内河谷、盆地及山麓的地面组成物质较松散,降雨量大且集中,多暴雨,导致沟蚀严重,崩塌、滑坡、泥石流普遍分布。

6.3.2.36 柴达木盆地及昆仑山北麓高原区

该区位于日月山以西、昆仑山以北、阿尔金山以南、若羌以东地区,总面积约 38.55 万 km²,包括青海省和甘肃省的 14 个县(市)。该区海拔 2 500~4 000 m,平均海拔约 3 300 m,地形复杂,地势东南渐高,以盆地为主,东北部祁连山附近为高山与谷地;全区平原(盆地和谷地)占 42.76%、山地占 44.04%。主要涉及河流有内陆河流和黄河,区内分布有青海湖、茶卡盐湖、哈拉湖等,是我国重要的水源涵养区;气候类型为高原温带和高原亚寒带干旱、半干旱气候区,少雨多风,土壤类型主要为灰棕漠土、黑钙土和草毡土,局部地区有高山草甸土和风沙土。植被类型分布差异较大,在盆地内部以荒漠灌木、半灌木和蒿草为主,在山地地区以杂类草高寒草甸、高寒草原为主,林草覆盖率 32.30%。

该区水土流失类型多样,以轻度风蚀、中度风蚀为主。水土流失面积 13.22 万 km²,占土地面积的 34.67%,其中水力侵蚀面积 2.08 万 km²,风力侵蚀面积 1.14 万 km²。

中西部为柴达木盆地,柴达木沙漠分布其中,自然条件恶劣,风力侵蚀严重,生态环境脆弱;东部分布着大面积的草原和湿地,中国最大咸水湖——青海湖坐落其中,是维系青藏高原东北部生态安全的重要水体;也是阻挡西部荒漠化向东蔓延的天然屏障,但由于草场过牧超载,导致草场退化,土地沙化,无序的垦殖、采药以及对原生植被的乱垦滥伐,造成青海湖流域植被日趋减少,涵养水源能力下降,湖面萎缩。

该区东北部祁连山地区,重点是加强祁连山及周边地区的水源涵养林建设,做好水源地、高山草原及自然保护区的植被保护,提高水源涵养能力,加强黄河干流和湟水河、大通河流域的生态保护,加强泥石流、滑坡的综合防治。

6.3.2.37　若尔盖-江河源高原山地区

该区大部分处于三江源头地区,总面积约 42.44 万 km²,包括四川省、甘肃省、青海省和西藏自治区的 29 个县(市)。该区海拔 3 000~5 000 m,平均海拔 4 000 m,地貌复杂,东部为青藏高原和黄土高原过渡地带,以山地丘陵为主,宽谷和盆地相间分布,局部有森林灌丛分布,西部以草甸草原为主;全区山地占 65.37%、平原(高原)占 23.43%、丘陵占 5.33%、其他占 5.87%;境内河流众多,是长江、黄河和澜沧江的发源地,主要包括黑河、大夏河、黄河、白河、洮河、雅砻江、当曲、卡日曲等,水资源十分丰富。气候类型属高原亚寒带湿润、半湿润区,区内大部分地区多年平均气温在 0 ℃ 以下,≥10 ℃ 积温为 10~1 000 ℃,降水量为 300~700 mm;土壤类型以草毡土、寒钙土、黑钙土、草甸土为主,按照海拔和地带性分布,有高山草甸土、亚高山灌丛草甸土和高山寒漠土,土质肥沃,腐殖质多,但破坏后不易恢复。植被分布错综复杂,植被类型以高原高寒草甸、草原和亚高山落叶阔叶灌丛为主,植被良好,草木生长茂盛,林草覆盖率超过 60%。

该区水力侵蚀、风力侵蚀和冻融侵蚀均有分布,侵蚀强度以轻度为主。侵蚀类型以冻融侵蚀分布最为广泛。水力侵蚀和风力侵蚀主要分布在人类活动较明显区域、城镇周边和退化草场。水力侵蚀主要分布在甘肃南部地区,该区域人口集中,牧农结合,人类活动频繁。在植被稀少、坡度极陡的沟头和沟道两岸,常引发危害严重的山洪或泥石流灾害,对耕地、乡村造成一定的危害。风力侵蚀主要分布在高寒草甸草场、高寒草原草场和高寒荒漠草场,以风力剥蚀(扬起)和风力堆积(沉积)现象为主,最终导致草场沙化。若尔盖已成为我国目前土地沙化速度最快的地区之一,加之由于耕地不足,开垦耕地和增加草场等大量开沟排水活动,导致湿地水位大幅下降,湖泊面积减小,湿地退化严重,沙漠化对湿地也形成了严重威胁。冻融侵蚀主要分布在唐古拉山、巴颜喀拉山、阿尼玛卿山极地高原的高寒缓坡草原漫岗区、高寒丘陵荒漠草原区、高寒低中山荒漠区和高山冰川侵蚀荒漠区,海拔多在 4 500 m 以上。

6.3.2.38　羌塘-藏西南高原区

该区位于昆仑山以南、冈底斯山以北、阿里山以东、唐古拉山以西地区,总面积约 67.76 万 km²。涉及西藏自治区的 14 个县。该区平均海拔约 5 000 m,地貌由高原面上一系列近东西走向的平行和缓山脉及分布其间的湖、盆、宽谷组成,全区山地占 54.14%、平原占 27.91%、丘陵占 7.17%、其他地貌占 10.78%;该区地处雅鲁藏布江、朗钦藏布、森格藏布等河流的上游地区,高原湖泊星罗棋布,主要有纳木错、色林错和当惹雍错等湖泊。气候类型主要为高原寒带湿润区,冬春多大风,区内多年平均气温在 0 ℃ 以下,降水量为 100~500 mm;土壤类型以高山草原土、高山草甸土、亚高山荒漠土与亚高山草原土为主。植被垂直地带分异明显,以高山灌丛草原和高寒草甸为主。一般中山谷地多为亚高山草原及荒漠草原,植被稀疏。高山地带主要是高山灌丛草原及部分高寒草甸。在低洼的河湖滨岸及洪积扇,多有草甸和沼泽草甸分布,为当地良好冬春牧场,林草覆盖率为 57.97%。

该区冻融侵蚀广泛存在,另有部分风力侵蚀,只有极少区域存在水力侵蚀。侵蚀强度以轻度、中度冻融侵蚀和轻度、强烈风力侵蚀为主。风力侵蚀主要发生在退化、沙化草场和人类活动频繁区域。水土流失面积 3.14 万 km²,占土地面积的 4.63%,其中,水力侵蚀面积 0.06 万 km²、风力侵蚀面积 3.08 万 km²。此外,存在冻融侵蚀面积 17.87 万 km²。该区冻融侵蚀主要集中在南部冈底斯山、喜马拉雅山和念青唐古拉山等高海拔地区。风力侵蚀主要集中在山前谷地以及河湖周边地区,由于该区气候极端干旱、降雨量极少,因气候干燥,农业用水依靠高山冰雪融水和地下水,没有灌溉即无农业。植被稀疏,全年大风日数多,河谷地区、河湖滨岸、洪积扇和农田周围风沙大,风力侵蚀程度较强。受到气候变化和人类活动的影响,草原退化和土地沙化是该区的主要生态问题。

6.3.2.39　藏东-川西高山峡谷区

该区位于青藏高原的东南部,西起雅鲁藏布江中下游,东连横断山区中北部,总面积约 35.23 万 km²。涉及四川省、云南省和西藏自治区的 44 个县。该区平均海拔约 4 300 m,地貌复杂,以高山峡谷为主,岭谷相间排列,全区山地占 96.49%;气候属于高原温带湿润到高原亚寒带湿润区的过渡带,区内多年平均气温 1.3 ℃,降水量为 600~1 000 mm;土壤类型以黑毡土、草毡土和暗棕壤为主,局部地区存在褐土、棕壤和棕色针叶林土。区内原始森林众多,植被类型以高山革质常绿落叶灌丛和高原山地寒温性针叶林、常绿阔叶林为主,并存在部分高山草甸,林草覆盖率 74.06%。

该区土壤侵蚀类型包括水力侵蚀和冻融侵蚀,侵蚀强度以轻度、中度为主。水蚀主要发生在坡耕地集中地区,以及荒山荒坡和疏幼林地。

6.3.2.40　雅鲁藏布河谷及藏南山地区

该区位于西藏南部,包括喜马拉雅山和冈底斯山之间的东西纵长地带。南、中、北分别为东西走向的喜马拉雅山、冈底斯山和喀喇昆仑山,总面积约 34.92 万 km²。涉及西藏自治区的 43 个县(市、区)。该区平均海拔约 4 600 m,高山峡谷广布,山间为宽谷湖盆,局部地区新月形沙丘分布,全区山地占 85.34%、平原占 8.31%、其他地貌占 6.35%;涉及的主要河流有雅鲁藏布江、年楚河、尼洋河和拉萨河,分布有羊卓雍错、普莫雍错、多庆错等湖泊。气候类型为高寒亚寒带半干旱区,区内多年平均气温 0.4 ℃,土壤类型主要为草甸土、亚高山草原土、寒漠土,局部地区还分布着砖红壤、红黄壤和棕壤;该区植被有明显的地带性分布规律,从河谷到山顶依次发育有暖温性河谷灌丛、山地针阔叶混交林、亚高山暗针叶林及高山草甸等,林草覆盖率 66.05%,在海拔 4 700~5 300 m 的高山地带广泛分布着小满草草甸,5 300 m 以上则为冰缘稀疏垫状植被。

该区侵蚀类型齐全,以冻融侵蚀和水力侵蚀为主,风力侵蚀也有一定面积的分布。

6.3.3　全国水土保持监测点布局思路

根据全国水土保持监测点优化布设基本原则,综合分析各类型监测点功能、定位,提出监测站点布局思路如下。

6.3.3.1　综合观测站

以 40 个二级区为布设单元,实现以水蚀为主的三级区全覆盖。以国家级重点防治区为主的二级区适当加密。主要在现有综合观测站或坡面径流场基础上改建和补充。优先从已有综合观测站中筛选代表性强且具备改扩建能力、地方有积极性的监测点。增强人工坡面径流小区代表性,增设自然坡面径流场和林草地调查点,在坡面径流站下游流域出口处布设小流域控制站,与人工坡面径流场、自然坡面径流场协同观测,同时根据实际情况与下游共享的中小河流水文站充分结合。拟设综合观测站 128 个(新建 16 个,利用已有坡面径流站、小流域控制站升级 18 个,共享站点 11 个)。

6.3.3.2　小流域控制站

一是充分利用优化布局后的综合观测站内小流域控制站;二是在优化布局后的坡面径流站下游适当位置建设小流域控制站;三是在国家重点防治区和重大生态功能区,选择有代表性的小流域建设小流域控制站;四是小流域内有代表性强的沟道、崩岗、泥石流易发区、淤地坝等地貌和工程措施类型的,布设小流域控制站。在以上小流域控制站下游筛选集水面积 1 000 km² 以下、有泥沙观测内容或可按照水土保持监测相关要求开展泥沙观测的水文站进行共享,形成嵌套布设。此外,选择部分重要水库湖泊进出河流处水文站进行数据共享。优先从已有控制站中筛选。新建控制站以控制面积在 50 km² 以下的闭合小流域为基本选择范围,初步拟设小流域控制站 852 个(利用水文站点 329 个、新建 469 个)。

6.3.3.3　坡面径流站

当综合观测站里坡面径流站不能涵盖所在区域的坡度、土地利用类型、水土保持措施等时,需修建坡面径流站予以补充。以水蚀为主的二级区筛选现有坡面径流站,不满足需求的再结合土壤、植被等相关因素进行补充布设。增设人为水土流失坡面径流观测场。拟设坡面径流站 93 个,其中新建 6 个。

6.3.3.4　风蚀监测站

以风力侵蚀为主的三级区全覆盖。拟设风蚀监测站 24 个,其中新建 3 个。

风蚀区中的部分综合站也布设风蚀监测项目,有风蚀监测项目的监测站共 33 个。

6.3.3.5　冻融侵蚀监测站

以冻融侵蚀为主的三级区全覆盖。利用现有站点设置冻融侵蚀监测站 3 个。全部为利用现有站点,其中共享高等院校及科研单位 2 个。冻融区中的部分综合站也布设冻融监测项目,有冻融侵蚀监测项目的监测站共 8 个。

6.3.4　全国水土保持监测点规模及分布设计

初步拟在全国布设满足国家需求的水土保持监测点约 1 100 个,其中利用已有监测点 606 个,新建 494 个;综合观测站 128 个,坡面径流场 93 个,小流域控制站 852 个,风蚀监测站 24 个,冻融侵蚀监测站 3 个。省级按照布局原则和实际需求适当加密,提高监测站网监测精度。水土保持二级区监测点数量分布情况见表 6-1。

水土保持三级区监测点数量分布情况见表 6-2。

6.3.5　全国水土保持监测点建设任务

全国水土保持监测点优化布局建设内容包括水土保持监测点建设、仪器设备安装与更新、水土保持监测点信息化建设、水土保持监测仪器设备质量检测等。

监测点建设主要包括对入选的已有监测点(含共享)进行改扩建和新站点建设,主要为土建和设施设备配备、更新。

信息化建设任务包括水土保持监测点实时监控系统、数据传输集成系统、大数据分析处理等。

表 6-1　水土保持二级区监测点数量分布情况

序号	二级区	综合观测站	坡面径流场	小流域控制站	冻融观测站	风蚀监测站	小计
1	大小兴安岭山地区	1		6	1		8
2	长白山-完达山山地丘陵区	3	2	11			16
3	东北漫川漫岗区	7		7			14
4	松辽平原风沙区			3		3	6
5	大兴安岭东南山地丘陵区	2		4			6
6	呼伦贝尔丘陵平原区			1			1
7	内蒙古中部高原丘陵区			1		2	3
8	河西走廊及阿拉善高原区					2	2
9	北疆山地盆地区	2	4	30	1	3	40
10	南疆山地盆地区					4	4
11	辽宁环渤海山地丘陵区	3	1	5			9
12	燕山及辽西山地丘陵区	7	3	27			37
13	太行山山地丘陵区	4	4	31			39
14	泰沂及胶东山地丘陵区	4	11	17			32
15	华北平原区			22		1	23
16	豫西南山地丘陵区	3	2	26			31
17	宁蒙覆沙黄土丘陵区	2		12		3	17
18	晋陕蒙丘陵沟壑区	13	2	88		4	107
19	汾渭及晋城丘陵阶地区	2	2	24		1	29
20	晋陕甘高塬沟壑区	11	3	21			35
21	甘宁青山地丘陵沟壑区	7	4	45			56
22	江淮丘陵及下游平原区	2	6	27			35
23	大别山-桐柏山山地丘陵区	4	5	15			24
24	长江中游丘陵平原区	1		13			14
25	江南山地丘陵区	9	12	72			93
26	浙闽山地丘陵区	2	5	42			49
27	南陵山地丘陵区	2	3	30			35
28	华南沿海丘陵台地区	3	1	14			18
29	海南及南海诸岛丘陵台地区	1	1	9			11
30	秦巴山山地区	8		31			39

续表 6-1

序号	二级区	综合观测站	坡面径流场	小流域控制站	冻融观测站	风蚀监测站	小计
31	武陵山山地丘陵区	1		11			12
32	川渝山地丘陵区	5	9	43			57
33	滇黔桂山地丘陵区	8	6	79			93
34	滇北及川西南高山峡谷区	3	3	21			27
35	滇西南山地区	2	1	13			16
36	柴达木盆地及昆仑山北麓高原区	1		18		1	20
37	若尔盖-江河源高原山地区	1	1	26	1		29
38	羌塘-藏西南高原区	1					1
39	藏东-川西高山峡谷区	2		5			7
40	雅鲁藏布河谷及藏南山地区	1	2	2			5
	合计	128	93	852	3	24	1 100

表 6-2 水土保持三级区监测点数量分布情况

序号	三级区	综合观测站	坡面径流场	小流域控制站	冻融观测站	风蚀监测站
1	大兴安岭山地水源涵养生态维护区			4	1	
2	小兴安岭山地丘陵生态维护保土区	1		2		
3	长白山山地丘陵水质维护保土区	1	1	5		
4	三江平原-兴凯湖生态维护农田防护区			1		
5	长白山山地水源涵养减灾区	2		4		
6	东北漫川漫岗土壤保持区	7		7		
7	松辽平原防沙农田防护区			3		3
8	大兴安岭东南低山丘陵土壤保持区	2		4		
9	呼伦贝尔丘陵平原防沙生态维护区			1		
10	蒙冀丘陵保土蓄水区			1		1
11	锡林郭勒高原保土生态维护区			1		
12	阴山北麓山地高原保土蓄水区			1		1
13	阿拉善高原山地防沙生态维护区			1		1
14	河西走廊农田防护防沙区					1

续表 6-2

序号	三级区	综合观测站	坡面径流场	小流域控制站	冻融观测站	风蚀监测站
15	天山北坡人居环境农田防护区	1	2	12	1	2
16	吐哈盆地生态维护防沙区					1
17	准噶尔盆地北部水源涵养生态维护区		1	12		
18	伊犁河谷减灾蓄水区	1	1	6		
19	塔里木盆地南部农田防护防沙区					2
20	塔里木盆地北部农田防护水源涵养区					1
21	塔里木盆地西部农田防护减灾区					1
22	辽宁西部丘陵保土拦沙区	2		2		
23	辽东半岛人居环境维护减灾区		1			
24	辽河平原人居环境维护农田防护区	1		3		
25	燕山山地丘陵水源涵养生态维护区	5	3	22		
26	辽西山地丘陵保土蓄水区	2		5		
27	太行山东部山地丘陵水源涵养保土区	1	2	11		
28	太行山西北部山地丘陵防沙水源涵养区	2		13		
29	太行山西南部山地丘陵保土水源涵养区	1	2	7		
30	鲁中南低山丘陵土壤保持区	3	8	10		
31	胶东半岛丘陵蓄水保土区	1	3	7		
32	津冀鲁渤海湾生态维护区			4		
33	黄泛平原防沙农田防护区			9		1
34	淮北平原岗地农田防护保土区			7		
35	京津冀城市群人居环境维护农田防护区			2		
36	豫西黄土丘陵保土蓄水区	2		18		
37	伏牛山山地丘陵保土水源涵养区	1	2	8		
38	阴山山地丘陵蓄水保土区			6		
39	宁中北丘陵平原防沙生态维护区			6		2
40	鄂乌高原丘陵保土蓄水区	2				1
41	陕北黄土丘陵沟壑拦沙保土区	4	1	28		
42	陕北盖沙丘陵沟壑拦沙防沙区		1	6		3
43	呼鄂丘陵沟壑拦沙保土区	5		18		1
44	延安中部丘陵沟壑拦沙保土区	2		18		

续表 6-2

序号	三级区	综合观测站	坡面径流场	小流域控制站	冻融观测站	风蚀监测站
45	晋西北黄土丘陵沟壑拦沙保土区	2		18		
46	汾河中游丘陵沟壑保土蓄水区		1	6		
47	晋南丘陵阶地保土蓄水区			12		
48	秦岭北麓–渭河中低山阶地保土蓄水区	2	1	6		1
49	晋陕甘高塬沟壑保土蓄水区	11	3	21		
50	陇中丘陵沟壑蓄水保土区	2		21		
51	青东甘南丘陵沟壑蓄水保土区	2	1	6		
52	宁南陇东丘陵沟壑蓄水保土区	3	3	18		
53	江淮丘陵岗地农田防护保土区	0	1	8		
54	太湖丘陵平原水质维护人居环境维护区	1	0	3		
55	沿江丘陵岗地农田防护人居环境维护区	1	1	6		
56	浙沪平原人居环境维护水质维护区	0	0	5		
57	江淮下游平原农田防护水质维护区	0	4	5		
58	桐柏山大别山土壤保持水源涵养区	4	5	14		
59	南阳盆地及大洪山丘陵保土农田防护区			1		
60	洞庭湖丘陵平原农田防护水质维护区			4		
61	江汉平原及周边丘陵农田防护人居环境维护区	1		9		
62	幕阜山九岭山山地丘陵保土生态维护区	2	2	7		
63	赣中低山丘陵土壤保持区	1	3	9		
64	湘西南山地保土生态维护区		1	3		
65	浙赣低山丘陵人居环境维护保土区	1	1	11		
66	鄱阳湖丘岗平原农田防护水质维护区		3	9		
67	赣南山地土壤保持区			11		
68	湘中低山丘陵保土人居环境维护区	2	2	12		
69	浙皖低山丘陵生态维护水质维护区	3		10		
70	浙东低山岛屿水质维护人居环境维护区		1	5		
71	浙西南山地保土生态维护区		1	5		
72	闽东北山地保土水质维护区		1	5		
73	闽东南沿海丘陵平原人居环境维护水质维护区		1	6		

续表 6-2

序号	三级区	综合观测站	坡面径流场	小流域控制站	冻融观测站	风蚀监测站
74	闽西南山地丘陵保土生态维护区	1	1	16		
75	闽西北山地丘陵生态维护减灾区	1		5		
76	桂中低山丘陵土壤保持区			4		
77	南岭山地水源涵养保土区		1	12		
78	岭南山地丘陵保土水源涵养区	2	2	14		
79	华南沿海丘陵台地人居环境维护区	3	1	14		
80	琼中山地水源涵养区			5		
81	海南沿海丘陵台地人居环境维护区	1	1	4		
82	秦岭南麓水源涵养保土区	2		6		
83	陇南山地保土减灾区	1		2		
84	丹江口水库周边山地丘陵水质维护保土区	2		5		
85	大巴山山地保土生态维护区	3		18		
86	湘西北山地低山丘陵水源涵养保土区			3		
87	鄂渝山地水源涵养保土区	1		8		
88	四川盆地北中部山地丘陵保土人居环境维护区	2	1	9		
89	川渝平行岭谷山地保土人居环境维护区	2	4	15		
90	龙门山峨眉山山地减灾生态维护区		2	5		
91	四川盆地南部中低丘土壤保持区	1	2	14		
92	滇黔川高原山地保土蓄水区	4	2	24		
93	黔桂山地水源涵养区	1		8		
94	黔中山地土壤保持区	2	2	14		
95	滇黔桂峰丛洼地蓄水保土区	1	2	33		
96	滇西北中高山生态维护区			2		
97	滇东高原保土人居环境维护区	2	1	4		
98	川西南高山峡谷保土减灾区		2	7		
99	滇北中低山蓄水拦沙区	1		8		
100	滇西南中低山保土减灾区	2	1	9		

续表 6-2

序号	三级区	综合观测站	坡面径流场	小流域控制站	冻融观测站	风蚀监测站
101	滇西中低山宽谷生态维护区			2		
102	滇南中低山宽谷生态维护区			2		
103	祁连山山地水源涵养保土区			12		
104	柴达木盆地农田防护防沙区					1
105	青海湖高原山地生态维护保土区	1		6		
106	若尔盖高原生态维护水源涵养区			12		
107	三江黄河源山地生态维护水源涵养区	1	1	14	1	
108	羌塘藏北高原生态维护区	1				
109	川西高原高山峡谷生态维护水源涵养区			2		
110	藏东高山峡谷生态维护水源涵养区	2		3		
111	西藏高原中部高山河谷农田防护区		2	1		
112	藏东南高山峡谷生态维护区	1		1		
	合计	128	93	852	3	24

仪器设备质量检测主要为建立径流泥沙自动仪器设备检测实验室,重点对径流量、含沙量等监测仪器设备精确度、准确度和可靠性等指标进行检测,为监测仪器设备设施选配提供依据。

6.3.6　国家级水土保持监测点布局

以全国水土保持区划二级区和三级区为布局单元,综合考虑监测点的区域代表性及土地性质、观测队伍稳定性、数据资料积累周期等其他基本运行状况,对全国水土保持监测点进行分区遴选,将一些关系到全局性、满足条件的监测点优选确定为国家级水土保持监测点。

根据监测点的重要性、代表性,国家级水土保持监测点又分为重点站和一般站。重点站和一般站在功能定位、监测内容、监测设施和数据管理等方面既有区别又有联系,二者协同发挥作用,统筹服务全国水土保持监测需求。

重点站按照全国水土保持区划二级区布设,承担所代表区域的水土流失特征监测、水土保持措施遴选、水土流失治理模式研究、水土保持效益测定和自然环境演变监测等,以提高水土流失监测预报水平,促进水土保持信息化建设。重点站主要布设在国家级水土流失重点防治区、国家和社会关注的重点区域、国家重点生态功能区、生态环境敏感区和脆弱区、国家重大生态工程建设区域,在全国水土保持监测点中具有骨干地位,具有区域典型性、代表性和一定示范带动作用,能够反映流域或者区域水土保持生态环境基本情况,为流域以及区域水土资源开发、利用、保护与管理、水土流失防治、生态文明建设等提供重要的水土保持要素信息。

一般站按照全国水土保持区划三级区布设,承担所代表区域的常规观测任务,并协同配合重点站率定土壤可蚀性因子,提高其他因子的精准度,同时开展其他特定内容监测,为数据汇交和联合分析补充提供基础数据,以提高全国水土保持监测网络整体监测精度和水平。一般站数量多、分布广,是全国水土保持监测网络的主要数据来源。

6.3.6.1　遴选原则

1.典型性和代表性原则

布设的监测点能够反映所在区域的自然地理特征、水土流失状况和综合治理特点等。

2.长期连续性原则

优先利用已有的监测点,选用基础条件好、运行经费有保障、具有长序列观测数据,且改造、更新成本经济合理的监测点。

3.土地保障原则

优先利用划拨、购买土地和有长期土地使用年限的监测点,保证监测点能够长期稳定运行。

4.观测队伍稳定原则

优先利用有稳定观测机构和人员,具备数据整编、分析能力的监测点。

5.共享使用原则

其他行业的监测点如满足需求,可构建共享机制,纳入国家水土保持监测点运行管理。

6.3.6.2　国家级水土保持监测点规模

根据遴选原则,在全国 1 100 个水土保持监测点中选出国家级水土保持监测点,由国家进行统一建设和管理。初步测算,遴选出国家级水土保持监测点 210 个左右,其最终规模需要经过实地勘察和专家论证方能确定。

1.重点站

在全国以水力侵蚀为主的 30 个二级区,以风力侵蚀为主的 8 个二级区、以冻融侵蚀为主的 2 个二级区共遴选布设约 60 个重点站。其中,水力侵蚀监测重点站约 47 个、风力侵蚀监测重点站约 10 个、冻融侵蚀监测重点站约 3 个。

2.一般站

以 115 个水土保持区划三级区为控制单元,全国共遴选布设一般站约 150 个。其中,水力侵蚀监测一般站 116 个、风力侵蚀监测一般站 23 个、冻融侵蚀监测一般站 11 个。

一般站遴选布设时,在重点站已覆盖的三级区外的其余三级区也布设监测点,实现国家水土保持监测点在除平原、海岛、沙漠腹地、无人区外的 108 个三级区全覆盖。在此基础上,侧重考虑黄土高原、长江经济带、东北黑土区等国家重点关注区域,以及国家级水土流失重点防治区、重点生态功能区等,加密遴选布设一般站。黄河中游黄土高原地区、长江经济带、东北黑土区、京津冀地区、北方风沙区、北方山地丘陵区、南方山地丘陵区、青藏高原区也加密布设国家一般站。

6.3.7　国家级水土保持监测点运行管理机制探索

6.3.7.1　运行管理

1. 管理体制

水土保持监测点运行管理由中央、省级和共享单位分别负责,征地、人员等由属地负责。按照管理分级,为满足国家需要设置的监测点建设经费由中央负责,分为重点站和一般站,由流域管理机构代部管理,运行管理经费由中央负责进行经费补助;共享监测点由共享单位进行管理,中央给予适当补助。省级加密建设监测站点,建设运行管理由省级负责。

2. 健全制度,规范观测

建立健全水土保持监测点数据观测、管理维护、考核评价、数据分析等管理制度,开展技术标准修订完善;开展水土保持监测点标准化研究,从建设标准、观测标准、运行维护、成果汇编等方面提出定量标准要求,统一监测点建设管理、数据采集、成果管理等工作。

3. 数据分析和质量控制

实行监测点数据采集、审核、报送、存储、分析、应用的全过程规范化管理。采取分级负责、逐级审核的原则,严格数据审核,保证数据质量。由水利部向重点站和一般站下达具体监测任务。由省级监测机构按有关技术规程对监测点数据整汇编、分析评价,编报监测报告,报送省级水行政主管部门和相应流域机构。流域机构负责审核汇总流域管理范围内的监测点数据、组织成果分析和深度挖掘。审核后的流域监测点整汇编成果报水利部水土保持监测中心进行质量核查、整汇编,组织成果深度分析挖掘。分级录入全国水土保持信息管理系统,按权限进行查询、分析、共享和应用。非共享监测点数据全部向政府部门、科研单位开放共享。

4. 绩效考评,动态管理

国家级监测点实行绩效考评和动态管理。建立和完善相关考评奖惩等制度,建立科学考核评价体系,开展年度绩效考评,实行动态管理。将站点运行管护情况列为相关责任部门水土保持目标责任考核内容,并将考核情况通报其主管部门,考核结果作为运行经费分配和动态调整的基本依据。

6.3.7.2　保障措施

1. 加强组织领导

各流域管理机构和各省水行政主管部门要充分认识国家级水土保持监测点优化布局工作的重要意义,切实加强组织领导,细化工作方案,明确任务分工,抓好责任落实。要加强与共享部门的沟通协调,加大合作,共同推进监测点优化布局工作。

2. 完善管理机制

按照监测点重要程度,建立完善水利部、省级监测点分级管理机制;依托监测机构,成立水利部、流域、省级水土保持监测数据分析处理中心,建立监测数据分级分析处理机制,确保监测点数据成果质量和应用。加强监测点运行管理,将运行维护经费纳入各级财政预算,建立长效投入机制,确保监测点长期稳定运行。

3. 完善制度标准

加快开展水土保持监测点数据观测、管理维护、考核评价、数据分析等管理制度和技术标准修订完善;开展水土保持监测点标准化研究,从建设标准、观测标准、运行维护、成果汇编等方面提出定量标准要求,统一监测点建设管理、数据采集、成果管理等工作。

4. 加强能力建设

加强监测技术人员培训和监测设备仪器研发,不断推进监测点监测自动化、数据远程传输和远程监控;建立仪器设备检测实验室,发布水土保持监测仪器设备推广目录,全面提高监测点能力水平。

参考文献

[1] 赵院.全国水土保持监测网络建设成效和发展思路探讨[J].水利信息化,2013(6):15-18.

[2] 赵院,李智广,曹文华,等.全国水土保持监测网络和信息系统建设实践[J].中国水利,2008(19):21-23.

[3] 赵院,马力刚.浅析全国水土保持监测站网布设方案[J].中国水土保持,2016(1):23-25.

[4] 李智广,刘宪春,喻权刚,等.加强水土保持监测网络建设健全监测网络运行机制[J].水利发展研究,2008(4):32-36.

[5] 贺前进.全国水土保持监测网络和信息系统总体设计[J].水利水电技术,2007(5):46-48.

[6] 郭索彦.开拓创新 积极进取 切实搞好全国水土保持监测网络和信息系统建设[J].中国水土保持,2004(6):7-9.

[7] 郭索彦,李智广,赵院.全国水保监测网络与信息系统建设[J].中国水利,2003(22):41-42.

[8] 李智广,郭索彦.全国水土保持监测网络的总体结构及管理制度[J].中国水土保持,2002(9):25-27,47.

[9] 王爱娟.我国水土保持监测点工作现状及规范化建议[J].中国水土保持,2017(4):66-68.

[10] 曾大林.关于水土保持监测体系建设的思考[J].中国水土保持,2008(2):1-2.

[11] 耿福萍,宋茂斌,刘继军,等.山东省水土保持监测站网优化布局分析[J].中国水土保持,2019(11):9-11.

[12] 乔殿新.国家水土保持监测点发展思考[J].中国水土保持,2019(6):56-59.

[13] 许晓鸿,张瑜,孙玥,等.水土保持监测点选址与标准化建设初探[J].水土保持通报,2009,29(2):55-57.

[14] 姜德文.中国水土保持监测站点布局研究[J].水土保持通报,2008(5):1-5.

[15] 王文轩,邹海天.海河流域水土保持监测站点优化布局思路探讨[J].海河水利,2020(4):13-15.

[16] 曹文华,罗志东.水土保持监测站点规范化建设与运行管理的思考[J].水土保持通报,2009,29(2):114-116.